马克笔建筑手绘

培训教程（视频教学版）

李国涛 著/绘

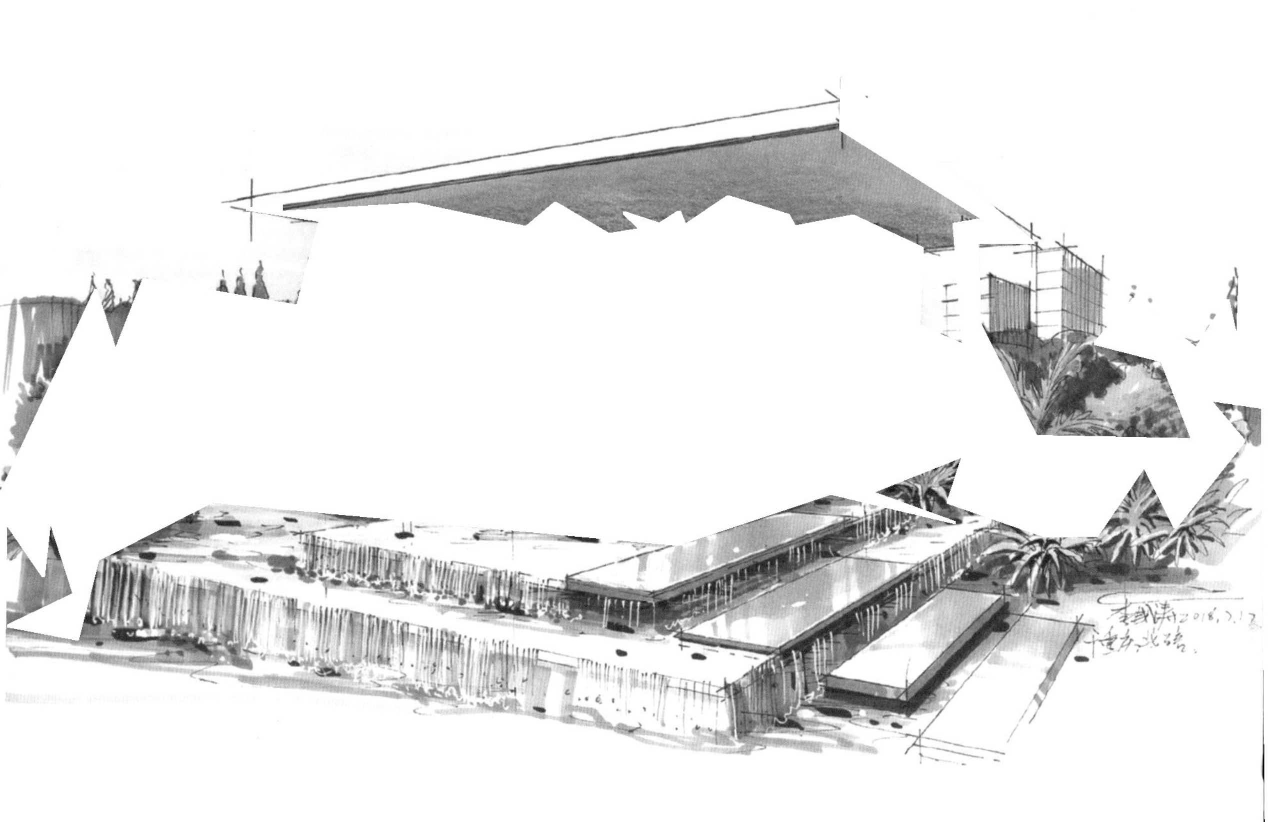

人民邮电出版社
北京

图书在版编目（C I P）数据

马克笔建筑手绘培训教程 ：视频教学版 / 李国涛著、绘. -- 北京 ：人民邮电出版社，2021.11
ISBN 978-7-115-56263-0

Ⅰ. ①马… Ⅱ. ①李… Ⅲ. ①建筑画－绘画技法－教材 Ⅳ. ①TU204

中国版本图书馆CIP数据核字(2021)第055880号

内 容 提 要

马克笔手绘是设计类专业的基础必修课程，是设计类专业的学生在升学、求职时应具备的能力，也是设计师在方案设计阶段最常用的手段之一。本书作者是高校教师，有着多年的教学经验与实践经验，同时在多家社会培训机构任职，常年活跃在教学一线。

本书通过讲解具体的手绘步骤，全面、具体地介绍马克笔建筑手绘表现技法。本书从实用的角度设置章节，每章都配有针对性"纠错"教学视频，让读者能够快速入门。全书分为7章：第1章和第2章讲解建筑手绘线条基础和建筑手绘透视知识，解决培训中容易忽视的基础问题，帮助读者打好基础；第3章和第4章讲解建筑配景和建筑素材的表现技法，解决培训中因短期速成而导致的知识面窄的问题，让读者掌握更为全面且实用性强的绘制技法；第5章和第6章则通过大量案例，着重讲解建筑局部和整体的表现技法，方便读者快速掌握大量实用技法，从而实现快速就业；第7章为作品赏析。

本书适合作为专业美术培训机构和设计类院校的教材，也适合作为美术爱好者的自学用书。

◆ 著 / 绘　李国涛
责任编辑　何建国
责任印制　周昇亮
◆ 人民邮电出版社出版发行　　北京市丰台区成寿寺路 11 号
邮编　100164　　电子邮件　315@ptpress.com.cn
网址　https://www.ptpress.com.cn
北京瑞禾彩色印刷有限公司印刷
◆ 开本：787×1092　1/16
印张：11.5　　2021 年 11 月第 1 版
字数：294 千字　　2021 年 11 月北京第 1 次印刷

定价：79.80 元

读者服务热线：(010)81055296　印装质量热线：(010)81055316
反盗版热线：(010)81055315
广告经营许可证：京东市监广登字 20170147 号

目录 Contents

第1章 CHAPTER ONE 建筑手绘线条基础

第2章 CHAPTER TWO 建筑手绘透视知识

第3章 CHAPTER THREE 建筑配景表现技法

第4章 CHAPTER FOUR 建筑素材表现技法

第5章 CHAPTER FIVE 建筑局部表现技法

第6章 CHAPTER SIX 建筑整体表现技法

第7章 CHAPTER SHVEN 作品赏析

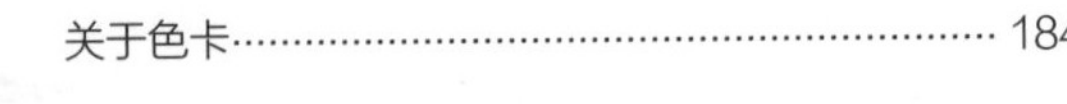

CHAPTER ONE

建筑手绘线条基础

1.1 直线条训练　1.2 曲线条训练　1.3 植物线条训练

1.4 马克笔技法训练　1.5 色粉笔技法训练

1.1 直线条训练

直线条是手绘的基础，训练时应先熟练掌握借助直尺画直线条，再学习徒手画直线条。

1.1.1 用直尺画直线条

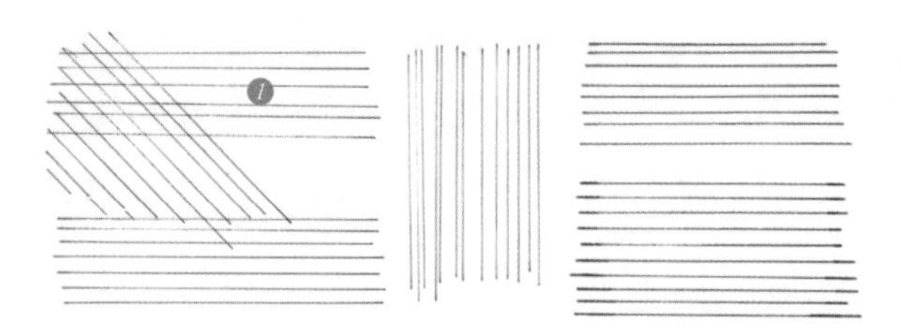

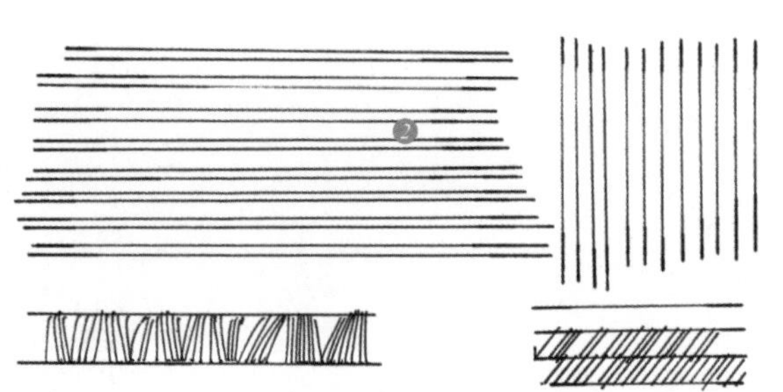

❶ 借助直尺，用 0.05 毫米的针管笔画直线，线条应无起笔收笔痕迹

❷ 借助直尺，用 0.1 毫米的针管笔画直线条，线条要有起笔收笔痕迹

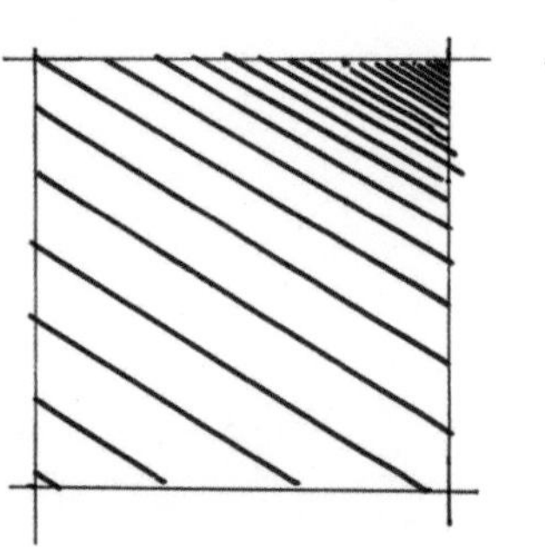

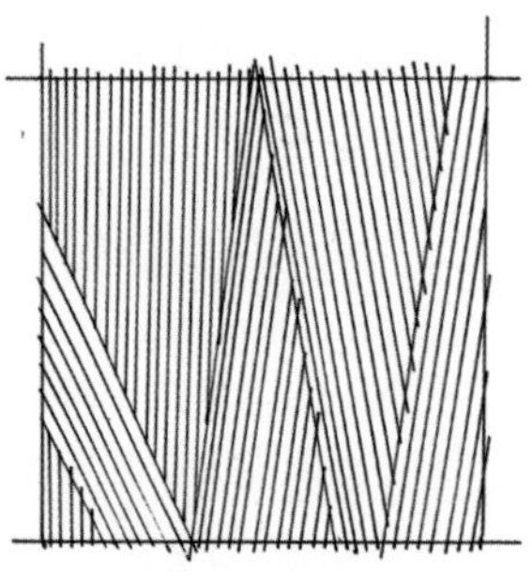

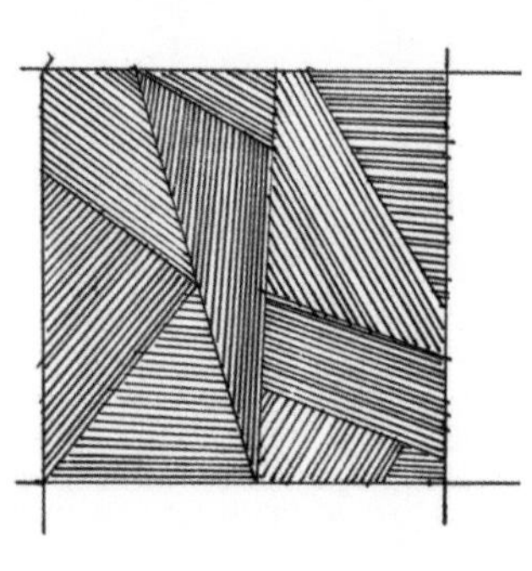

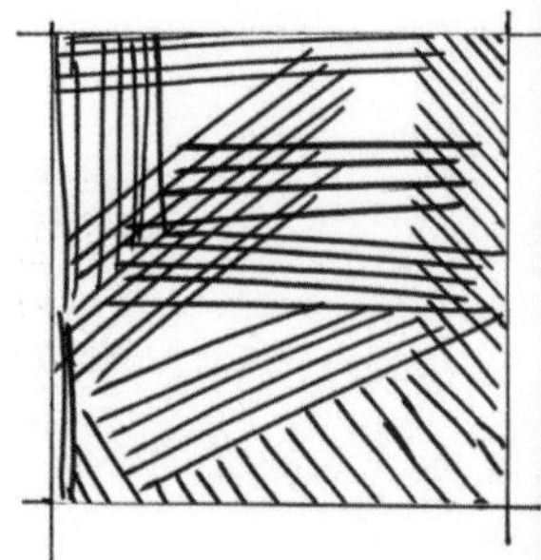

1.1.2 徒手画直线条

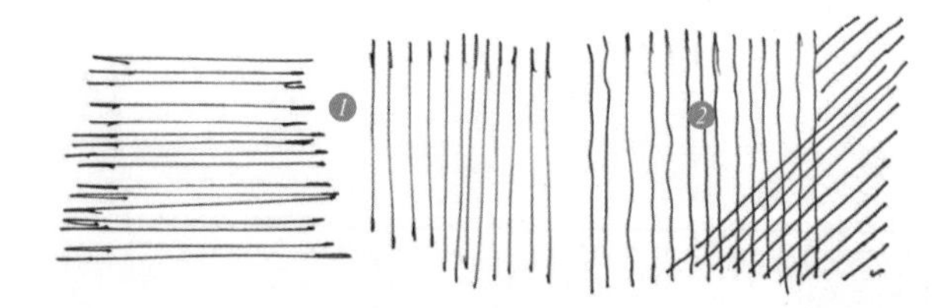

❶ 徒手画直线条，画出快速无抖动的线条效果

❷ 徒手画直线条，画出慢速有抖动的线条效果

❸ 画正方形的顺序

❹ 画放射状线条的顺序

❺ 练习画不同组合的直线条

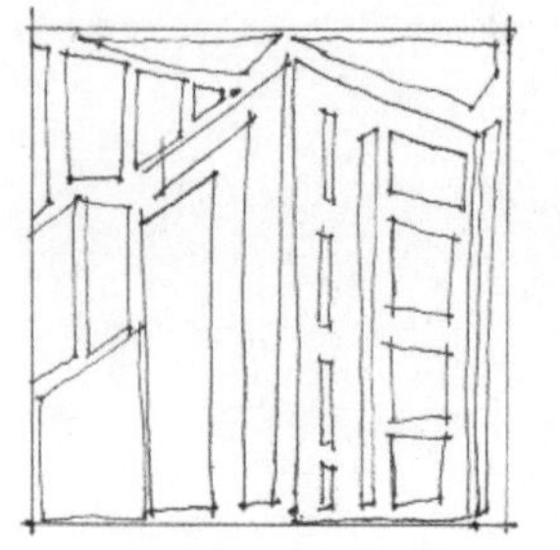

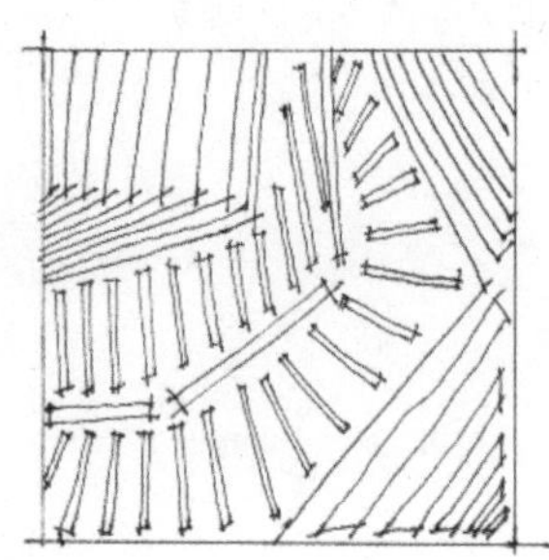

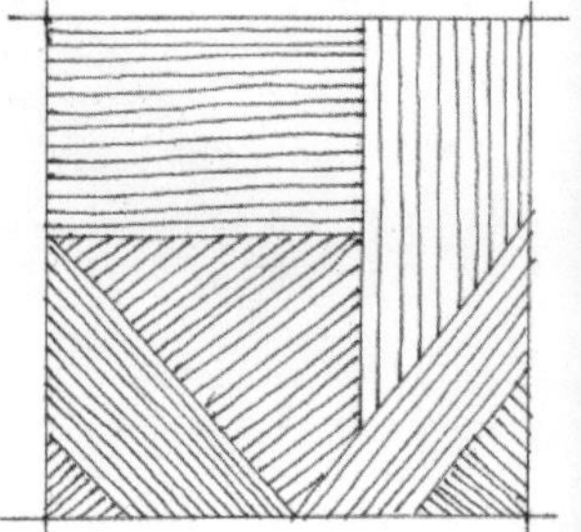

1.2 曲线条训练

曲线条在建筑效果图中用途很广，初学者练习时应注意掌握曲线条的运笔方向和曲线弧度的变化。

1.2.1 徒手画曲线条

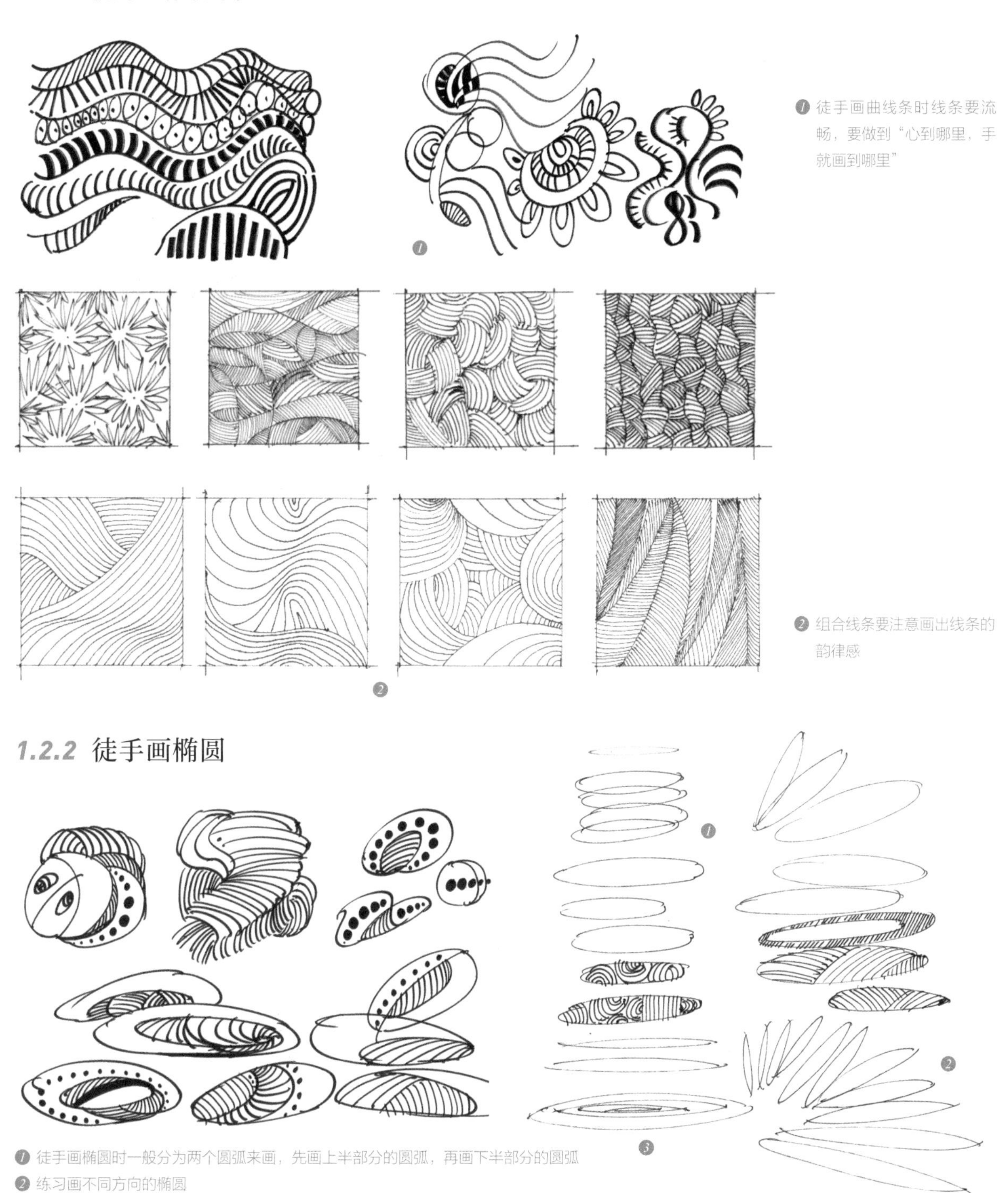

❶ 徒手画曲线条时线条要流畅，要做到“心到哪里，手就画到哪里”

❷ 组合线条要注意画出线条的韵律感

1.2.2 徒手画椭圆

❶ 徒手画椭圆时一般分为两个圆弧来画，先画上半部分的圆弧，再画下半部分的圆弧

❷ 练习画不同方向的椭圆

❸ 练习画不同组合形式的椭圆

1.3 植物线条训练

1.3.1 乔木、灌木的线条

乔木、灌木的线条表现形式主要由“N、V、W、S、U”等形状的曲线条构成，其特点是组合灵活多变、线条富有张力和变化。

❶ 以“W”形状组合线条表现植物
❷ 以“N”形状组合线条表现植物
❸ 以“V”形状组合线条表现植物
❹ 以“S”形状组合线条表现植物
❺ 以“W”+“V”+“S”形状组合线条表现植物
❻ 以“S”形状为主，多种形状组合线条表现植物

1.3.2 草本植物的线条

刻画草本植物的线条要有灵活性，多数草本植物的叶片变化具有一定的规律且表现方法相似。

1.4 马克笔技法训练

马克笔具有方而硬的笔尖和独特的表现效果，能快速表达设计意图、传递设计灵感。马克笔主要分为水性马克笔和油性酒精马克笔两大类，本书使用的是油性酒精马克笔。

初学者要准备颜色较齐全的马克笔，90~120支即可，也可以按照色系来挑选。一般来说，同色系马克笔的支数越多，能够表达的色阶变化就越丰富。

1.4.1 平涂排笔训练

平涂排笔是最常用的马克笔表现技法之一，练习马克笔平涂排笔时要注意手指和手腕的力度，运笔要有“轻、重、快、慢”的变化。

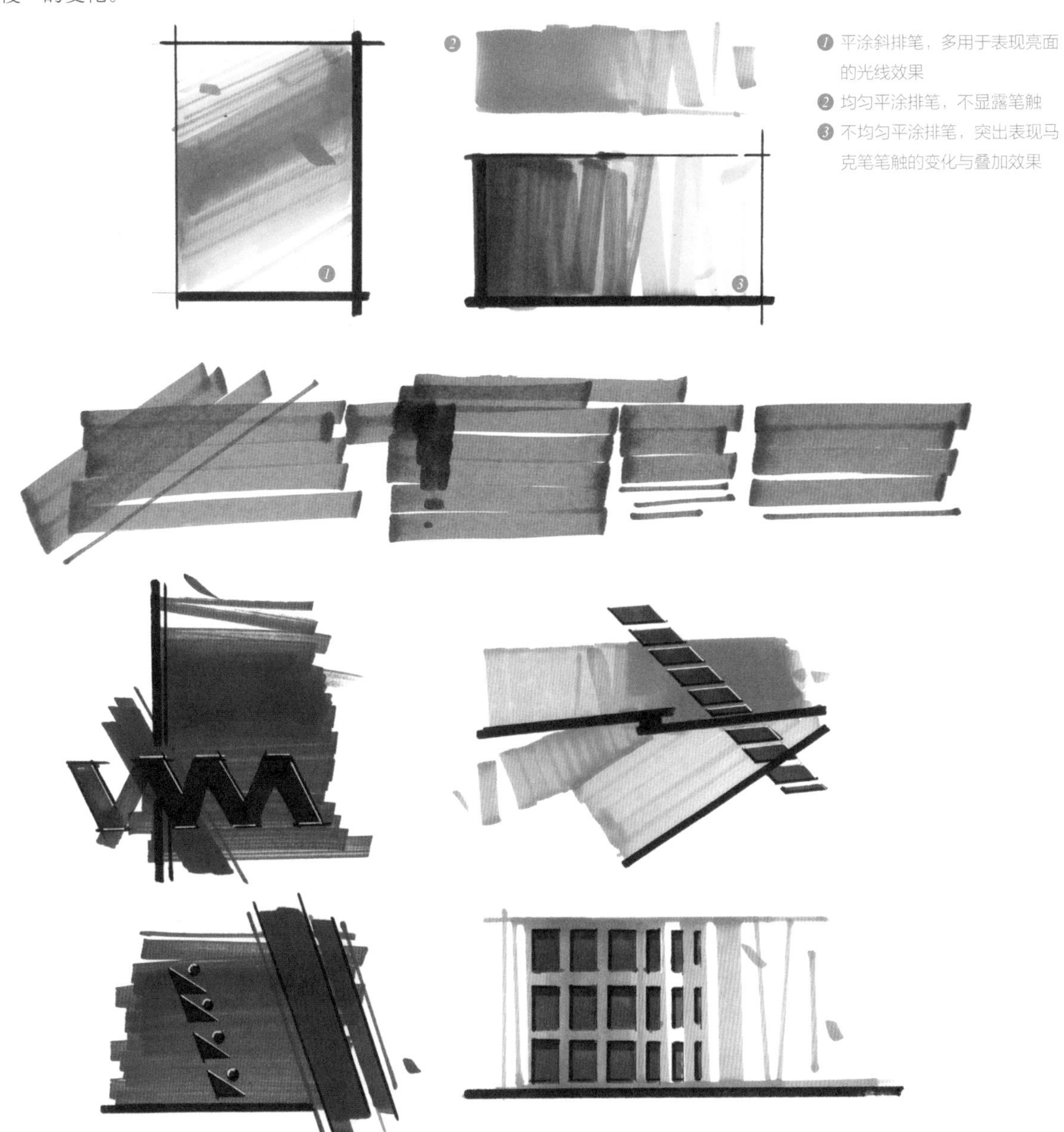

① 平涂斜排笔，多用于表现亮面的光线效果

② 均匀平涂排笔，不显露笔触

③ 不均匀平涂排笔，突出表现马克笔笔触的变化与叠加效果

1.4.2 扫笔训练

扫笔也是一种较常用的表现技法。用扫笔刻画事物时，运笔的力度要“前重后轻”，速度要“前慢后快”，运笔的方向要一致。

❶ 使用扫笔绘画时要“稳、准、快、匀”

❷ 笔触的旋转、变化和力度要均匀且有“弹性”

1.5 色粉笔技法训练

色粉笔常用于表现面积较大且有渐变效果的场景或元素，如大面积的墙面、玻璃、天空、水体等。色粉笔一般可与马克笔、彩色铅笔等工具配合使用，用色粉笔表现色彩的渐变时，过渡更加自然。

色粉笔的主要表现技法为平涂。

❶ 可以直接用纸巾将两种色粉笔混合使用

❷ 也可以先用小刀把色粉刮下来，再用纸巾把色粉涂抹到画面上

CHAPTER TWO

建筑手绘透视知识

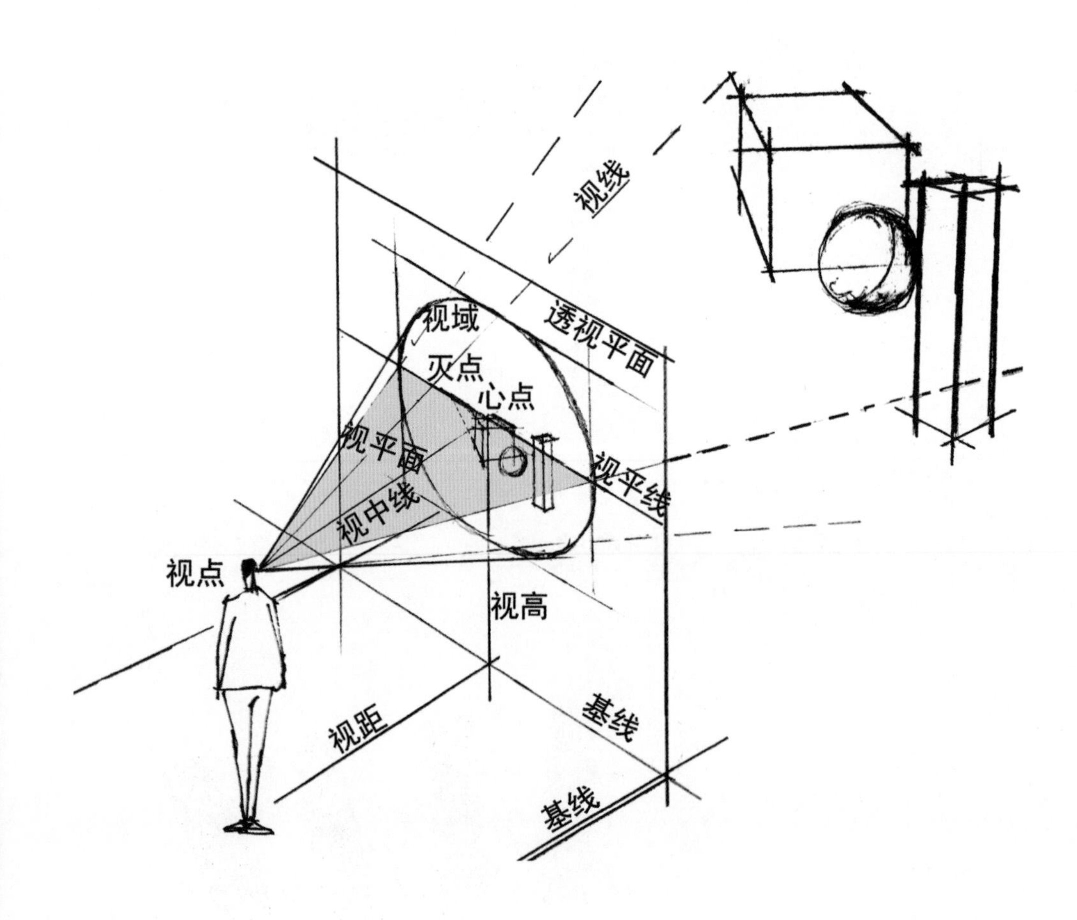

2.1 一点透视基础画法

一点透视又叫平行透视，常用于表现物体或空间的一个主要立面平行于画面的效果。一点透视图中除了垂直线和平行线之外，其余斜线都汇聚在灭点上，灭点一定在视平线上。一点透视图中的长、宽、高是物体或空间真实尺寸的反映，也就是说，一点透视图中的物体变形不大。

● 一点透视：从平面到立体的透视效果

画一点透视图时，通常会先画出平面图，然后根据平面图上的"形体"在网格中的位置来画空间透视图，即先画出空间透视网格，再根据网格画出平面图上的形体。

测点：用来观测成角透视深度的点。基线：透视画面最下的边缘和水平面相交的直线。

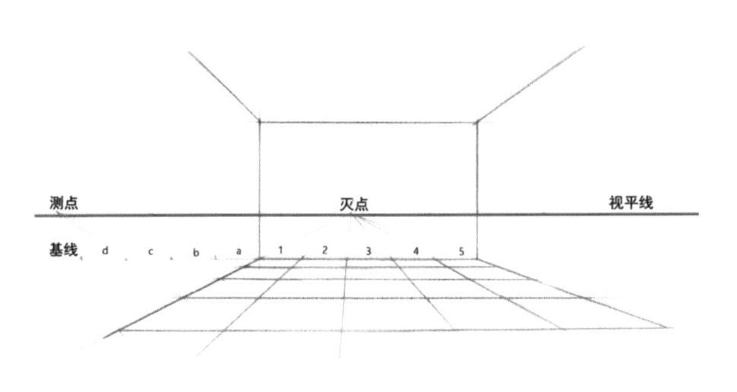

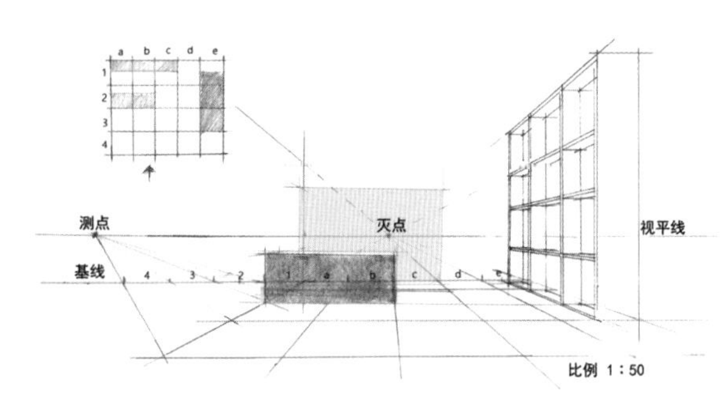

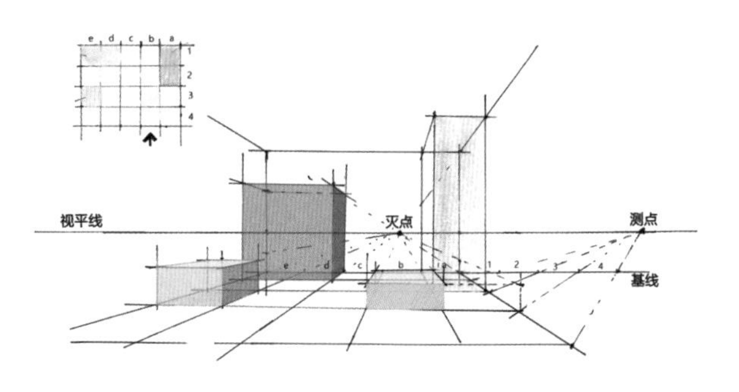

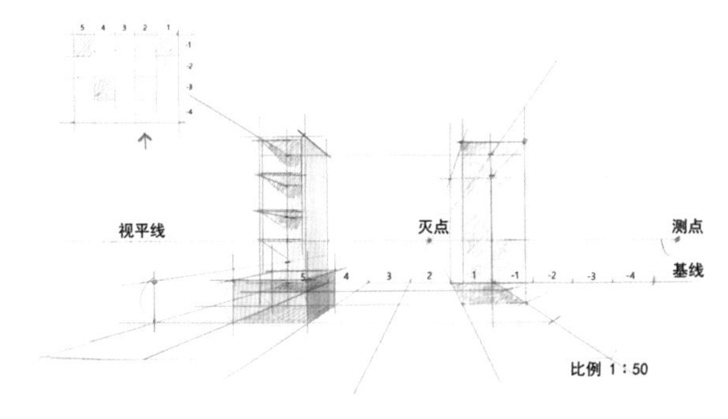

2.1.1 建筑入口

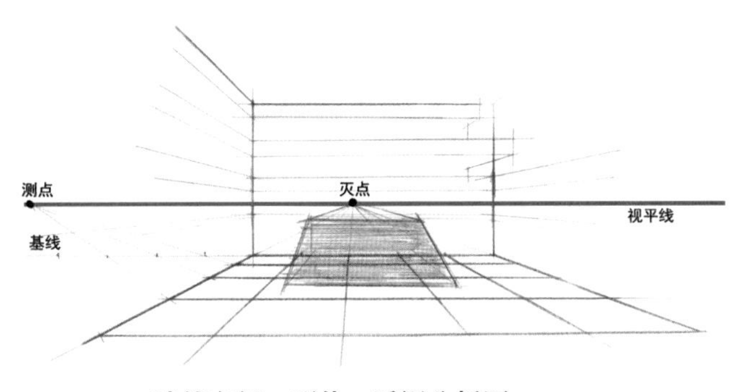

建筑空间、形体、透视分析图

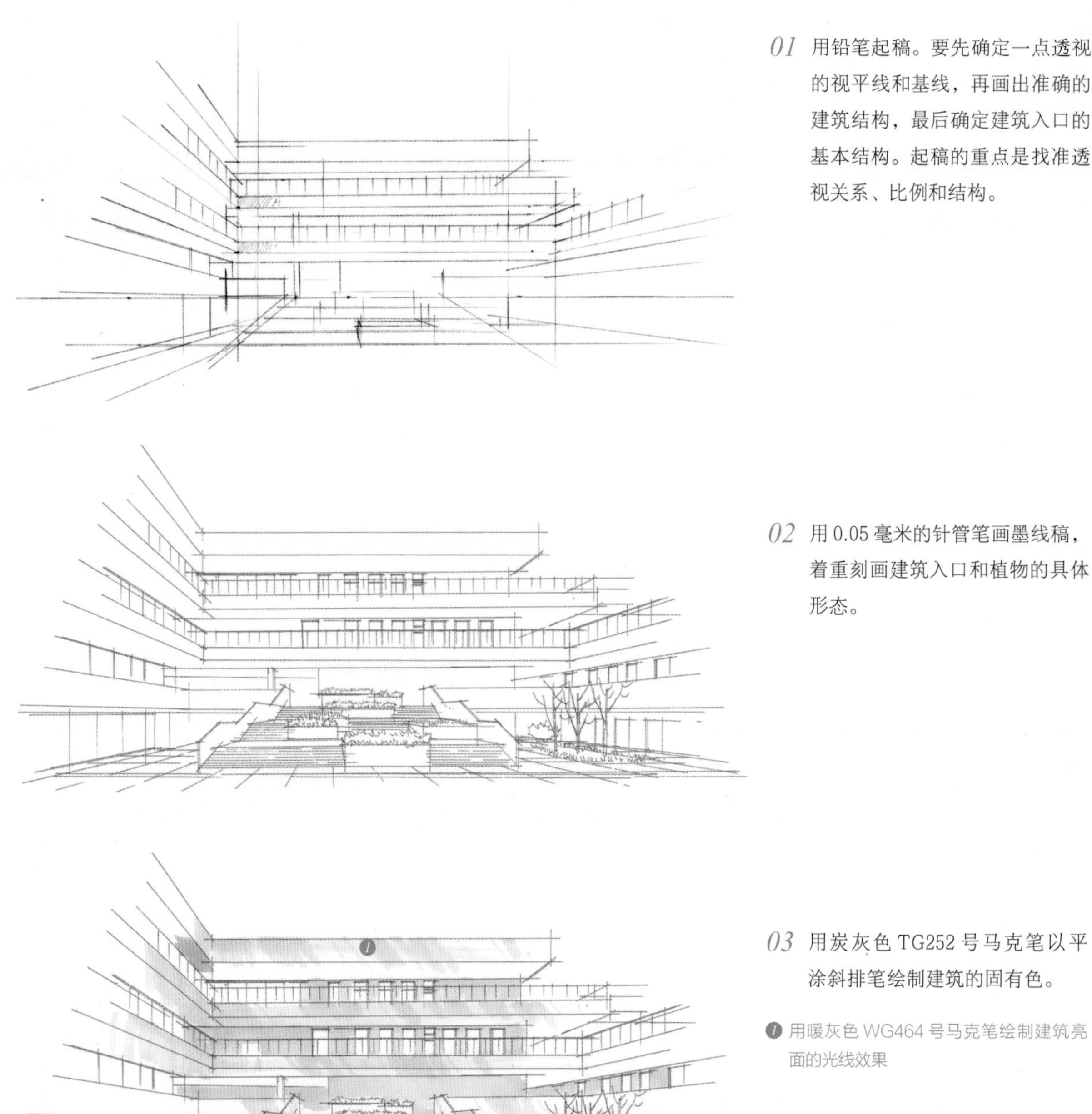

01 用铅笔起稿。要先确定一点透视的视平线和基线，再画出准确的建筑结构，最后确定建筑入口的基本结构。起稿的重点是找准透视关系、比例和结构。

02 用0.05毫米的针管笔画墨线稿，着重刻画建筑入口和植物的具体形态。

03 用炭灰色TG252号马克笔以平涂斜排笔绘制建筑的固有色。

❶ 用暖灰色WG464号马克笔绘制建筑亮面的光线效果

04 用蓝绿色BG95号马克笔绘制玻璃。建筑左侧处在暗面的玻璃应暗些，因此用蓝绿色BG233、BG84号马克笔以平涂排笔绘制。楼梯上花坛右侧的草坪采用黄绿色YG24号马克笔打底色，然后在上面用红色R140号马克笔点缀小花。

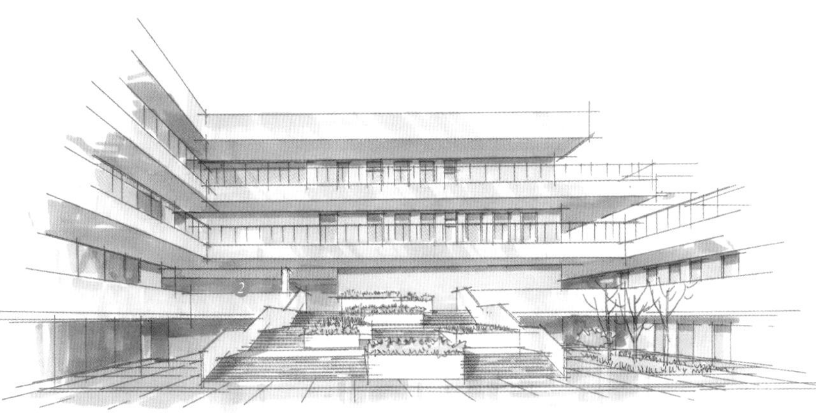

05 以平涂排笔绘制楼梯与地面，其色相与建筑要有所区别。选用炭灰色 TG254、TG255 号马克笔绘制建筑回廊的投影处，使空间感更加突出。注意从一楼到顶楼投影面积逐渐减少。

❷ 画投影可以增强建筑空间效果

06 以平涂排笔绘制植物及花坛，使画面色彩更丰富。画面左侧为建筑体块的暗面和投影区域，用暖灰色 WG466、WG467 号马克笔进行加深。

❸ 用黄绿色 YG26 号马克笔以平涂排笔绘制乔木，注意色彩要均匀

❹ 用黄红色 YR219 号马克笔以平涂加斜排线绘制花坛立面

07 用冷灰色 CG274 号马克笔表现建筑中门窗的框、栏杆和树干等。

2.1.2 建筑一角

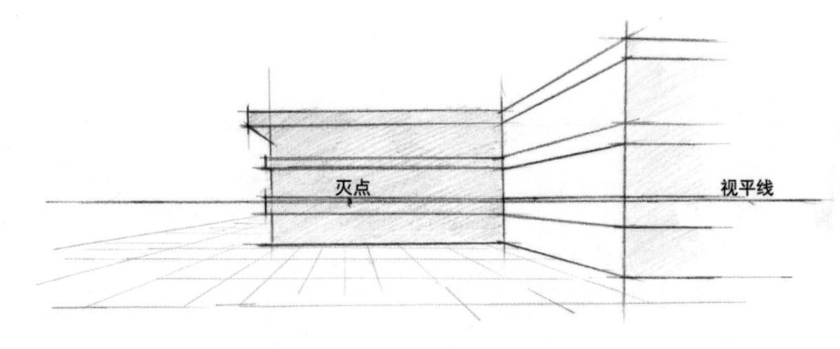

建筑空间、形体、透视分析图

01 用一点透视图表现建筑一角时，建筑的透视关系、比例是刻画的重点。初学者可先用铅笔起稿。

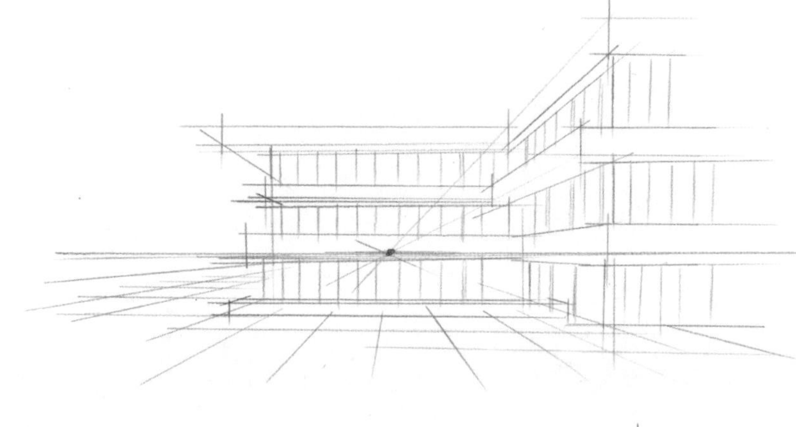

02 用 0.05 毫米的针管笔勾画墨线稿。当起稿技法熟练后，简单的建筑形体可以直接用针管笔起稿。

03 用蓝绿色 BG95 号马克笔以平涂排笔绘制玻璃和部分墙体。

❶ 顶层玻璃留白，以体现玻璃的光感

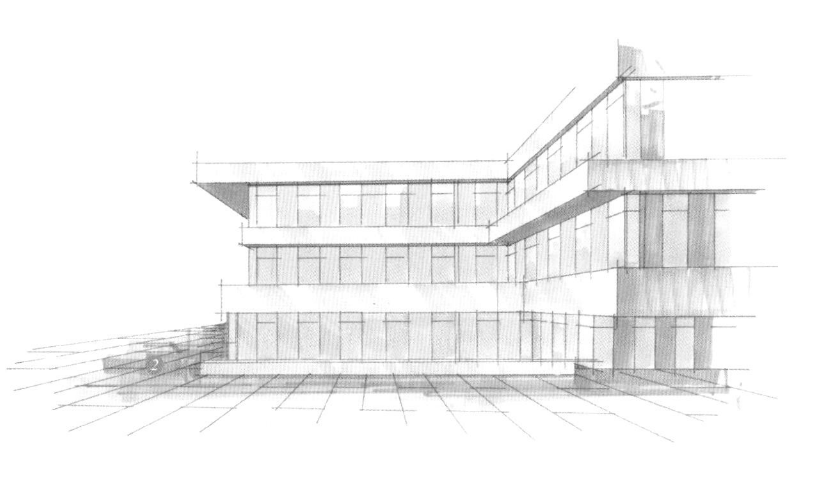

04 用暖灰色 WG464 号马克笔以平涂排笔绘制建筑墙体。

❷ 用炭灰色 TG253、TG254 号马克笔以平涂排笔绘制地面颜色

05 确定建筑的投影位置，投影也能反映建筑的结构。大致绘制出底层玻璃的反光效果。

❸ 此处玻璃的反光效果选用蓝灰色 BG88 号马克笔来表现

❹ 亮面与暗面要有明显的对比效果

❺ 此处用蓝灰色 BG87、BG88 和紫色 V125 号马克笔画出玻璃上的反光和建筑周围的色彩

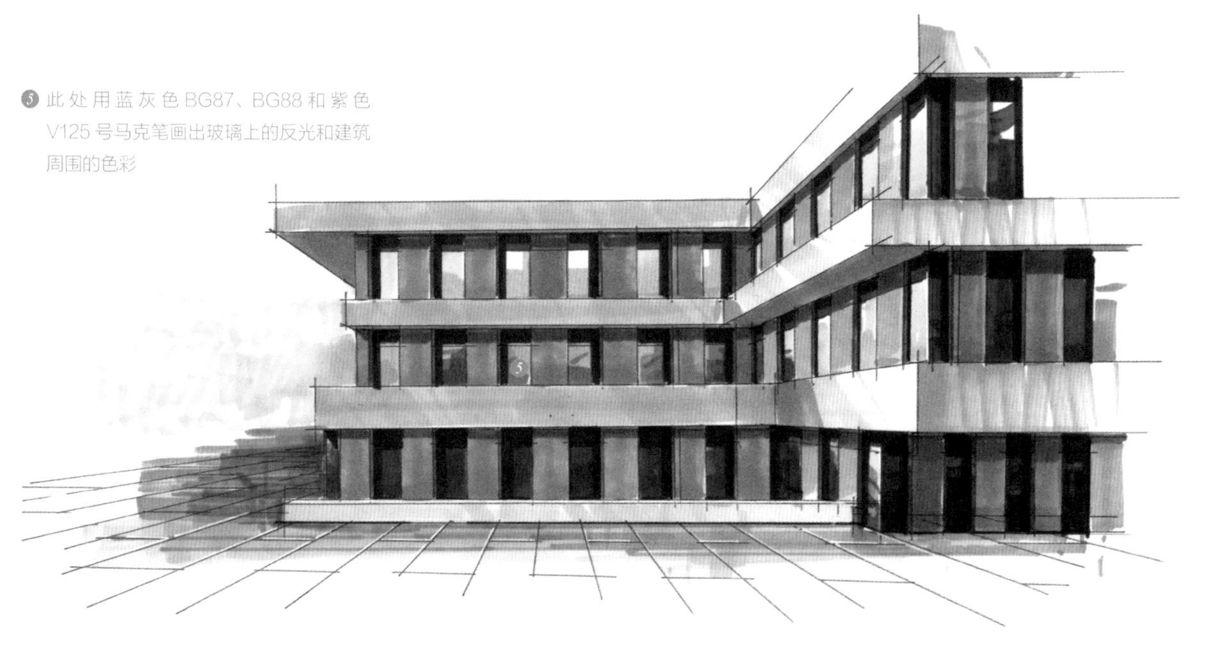

06 以平涂排笔绘制建筑上玻璃的反光效果，用蓝绿色 BG83 号马克笔绘制天空。

2.2 两点透视基础画法

两点透视又叫成角透视，采用两点透视的物体或空间呈现夹角的效果。物体上的竖线垂直于视平线，物体的立面和其他线条分别倾斜相交于两端的灭点，并且两个灭点都在同一条视平线上。两点透视的视觉效果较灵活、自由，能直观地体现建筑的空间感。

两点透视：从平面到三维的透视效果

两点透视图的画法和一点透视图类似，也是先根据平面图网格的位置画出空间透视网格，再根据网格的位置画出平面图上的形体。

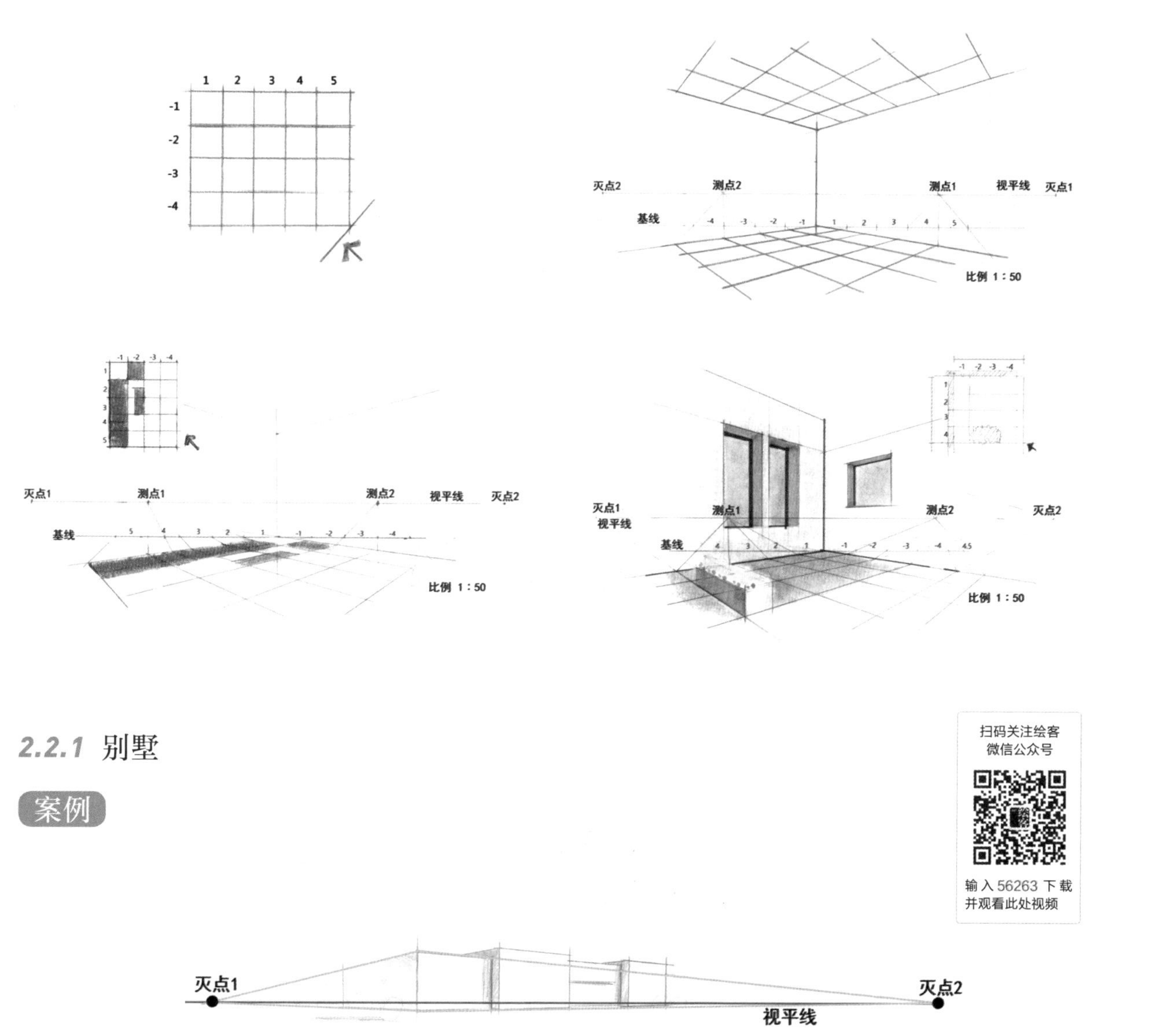

2.2.1 别墅

案例

扫码关注绘客
微信公众号

输入 56263 下载
并观看此处视频

建筑空间、形体、透视分析图

01 用铅笔起稿，采用矩形构图，以两点透视图表现建筑。起稿时要确保建筑主体的透视关系、比例基本正确。

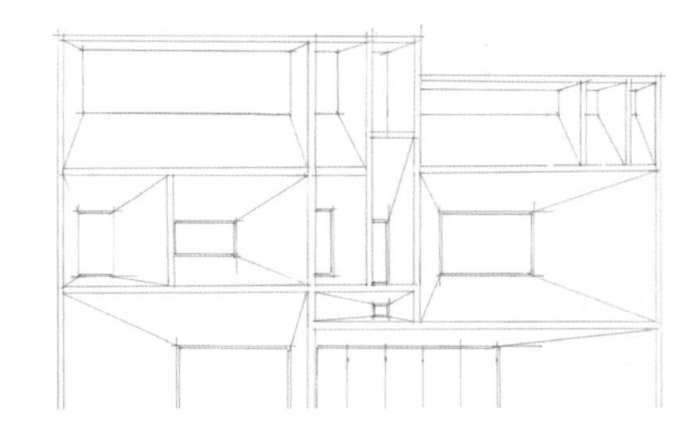

02 用 0.05 毫米的针管笔勾勒墨线稿，画出建筑的结构和植物。

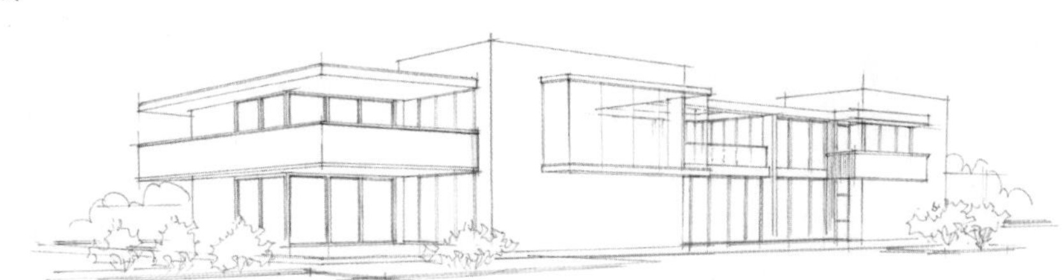

03 用暖灰色 WG463、WG466 号马克笔绘制建筑，以平涂排笔绘制墙面。

❶ 该墙面以平涂排笔来绘制，更能体现其肌理和质感

❷ 用冷灰色 CG272、CG273 号马克笔表现深黑色墙体，注意区分开亮面与暗面

❸ 暗面的玻璃颜色采用蓝绿色 BG62 号马克笔表现

04 用蓝色 B235 号马克笔绘制玻璃，以平涂排笔来绘制。

❹ 用蓝色 B235 号马克笔再画一遍玻璃，包括亮面和暗面的玻璃

❺ 最亮的亮面玻璃应适当留白以表现玻璃上的光感

❻ 此处的玻璃要画得通透，能透过玻璃看到后面的建筑结构

❼ 用暖灰色 WG466、WG467 号马克笔刻画墙面的肌理

05 给植物上色，刻画投影。建筑体块投影到玻璃上的效果用蓝绿色 BG84 号马克笔来绘制，建筑体块投影到墙面上的效果用暖灰色 WG470 号马克笔绘制。建筑左右两侧远处的植物用绿色 G61、G58 和蓝绿色 BG107 号马克笔绘制，近处灌木与草坪采用黄绿色 YG24、YG16 和紫色 V119 号马克笔以平涂排笔绘制。地面采用暖灰色 WG466 号马克笔以平涂排笔绘制。

❽ ❾ 用绿色 G56、G61 号马克笔在玻璃上叠色，表现出玻璃反射周边植物和建筑物的效果

06 刻画别墅的细节，如玻璃框的结构和玻璃上的反光效果。用蓝绿色 BG83 号马克笔绘制天空，笔法应灵活自如，注意留白。

2.2.2 图书馆

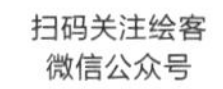

扫码关注绘客微信公众号

输入 56263 下载并观看此处视频

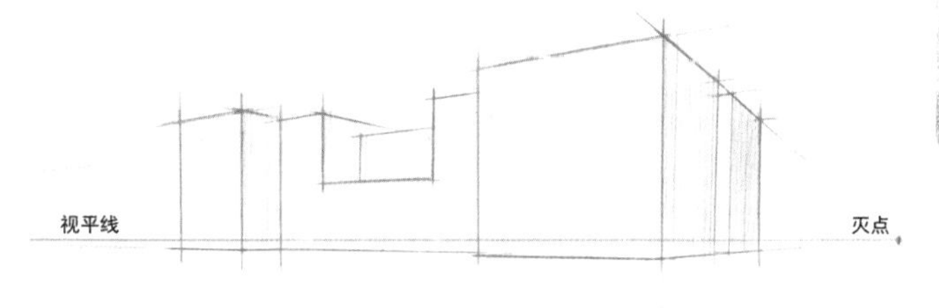

建筑空间、形体、透视分析图

01 用铅笔起稿，勾画出建筑的基本结构、比例。以两点透视图表现该建筑，能更直观地表现建筑结构。

02 用 0.05 毫米的针管笔画墨线稿，确定图书馆的整体结构和玻璃幕墙的透视关系、比例，以及植物分布。

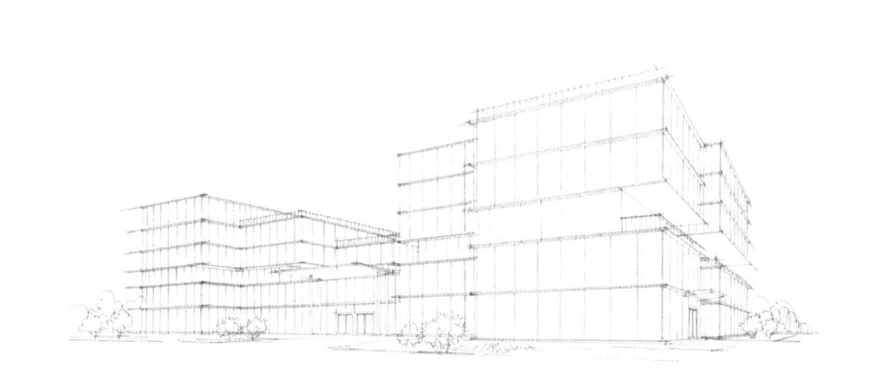

03 用浅蓝色色粉笔平涂绘制玻璃幕墙的基本色调。在色粉笔的基础上，用蓝色 B235 号马克笔以平涂排笔绘制玻璃。不同层次的玻璃，色彩明度要有所区别。用黄绿色 YG24、YG26 号马克笔以平涂排笔绘制前景植物，用绿色 G61、G58 号马克笔绘制建筑两边的远景植物。

04 丰富建筑的结构及色彩，丰富建筑周边植物的色彩。用黄色 Y5 号马克笔画出亮面玻璃，用棕色 E180 号马克笔体现暗面玻璃的质感。

❶ ❷ 是建筑周边植物反射到玻璃上的效果
❸ 是透明玻璃通透的效果

05 确定建筑的反光效果和阴影部分，并深入刻画建筑细节。用绿色 G57、G52、G61、G58 号马克笔绘制玻璃上的反光效果。

❹ 亮面玻璃用蓝绿色 BG95 号马克笔以平涂斜排笔触表现其光影效果
❺ 反射的投影用蓝绿色 BG107、绿灰色 GG66、GG67、黑色 191 号马克笔来绘制，可以使画面效果鲜亮

06 用白色高光笔刻画建筑窗框结构上的高光，突出玻璃幕墙上的反光细节。

2.3 鸟瞰图透视基础画法

鸟瞰图透视是建筑效果图中较为常用的一种透视法。鸟瞰图可以更好地反映建筑的总体设计。视平线的位置和视平线的高度是绘制鸟瞰图时需要重点注意的地方，其次是透视角度。

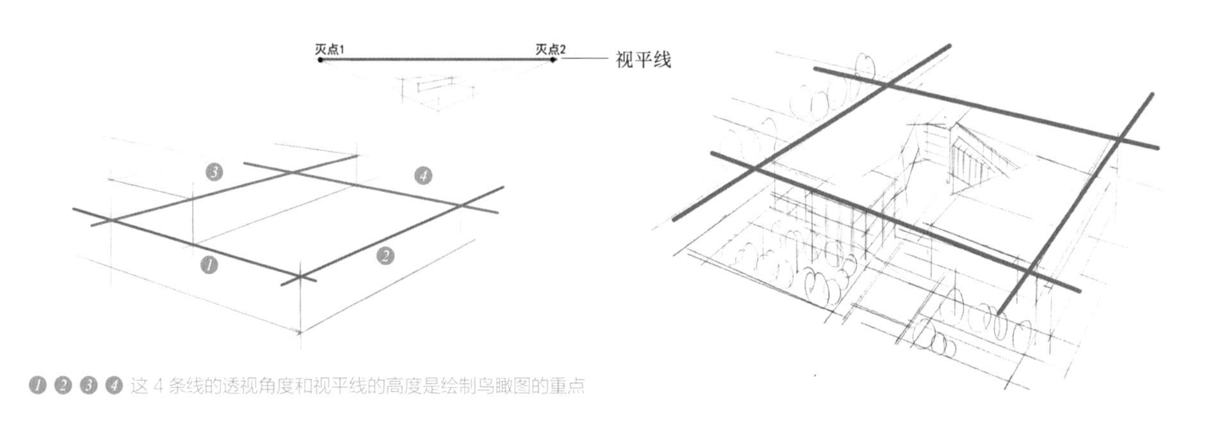

❶❷❸❹ 这 4 条线的透视角度和视平线的高度是绘制鸟瞰图的重点

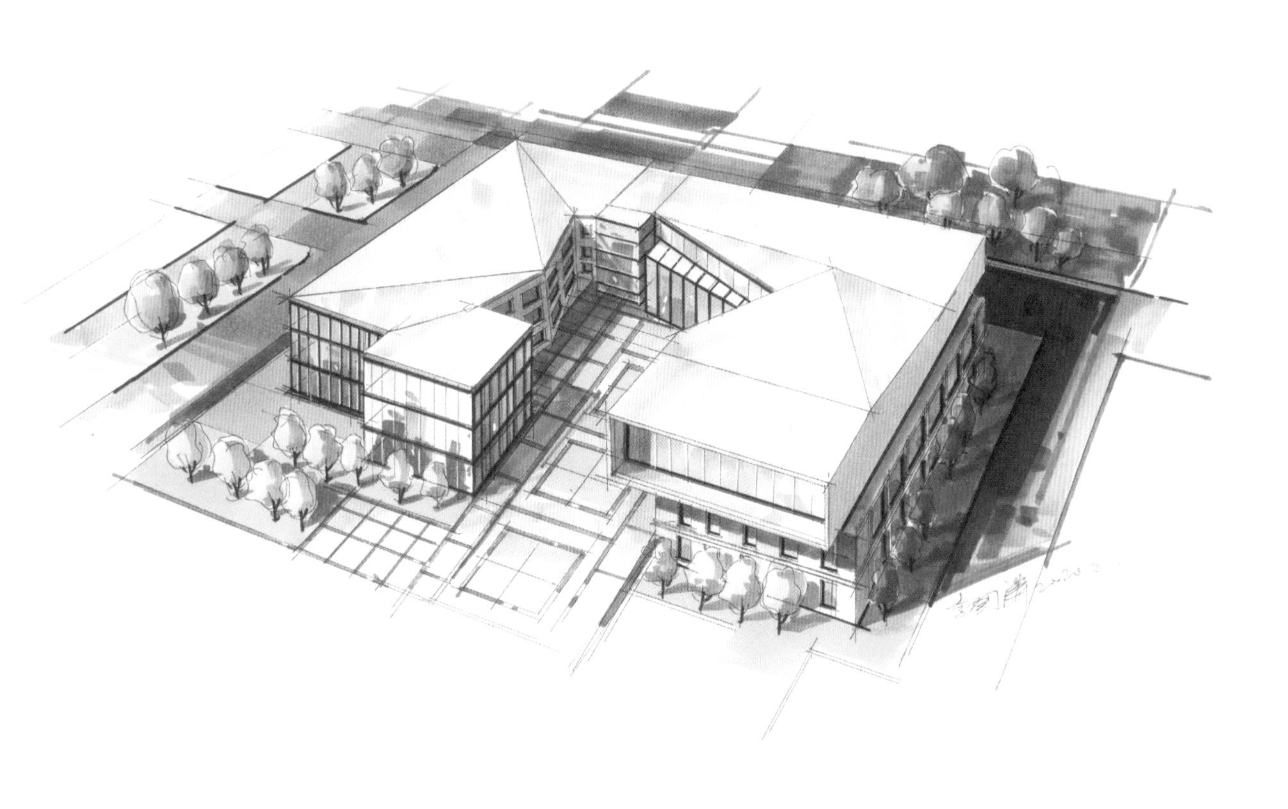

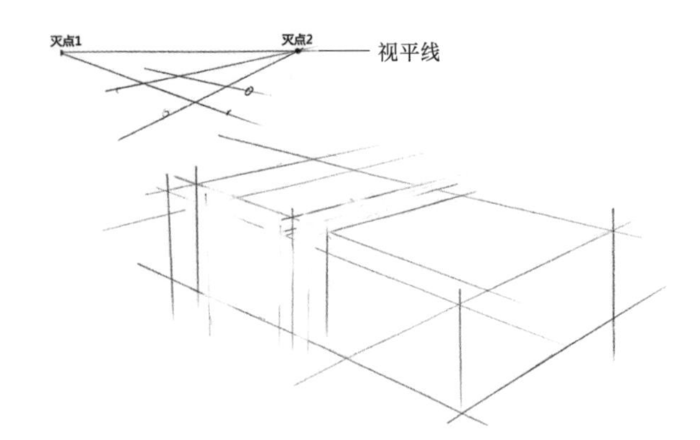

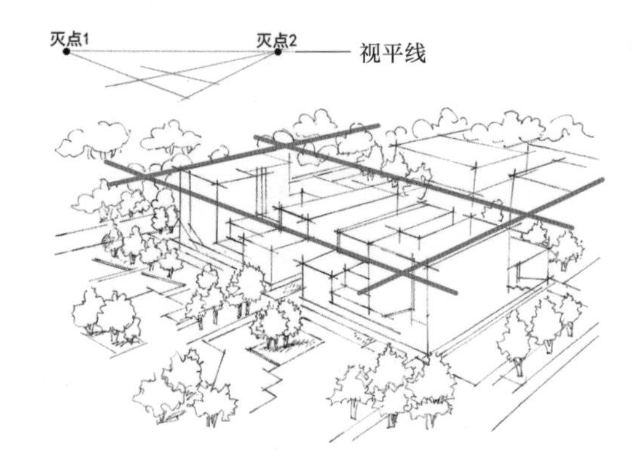

办公楼鸟瞰图

案例

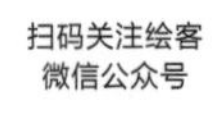

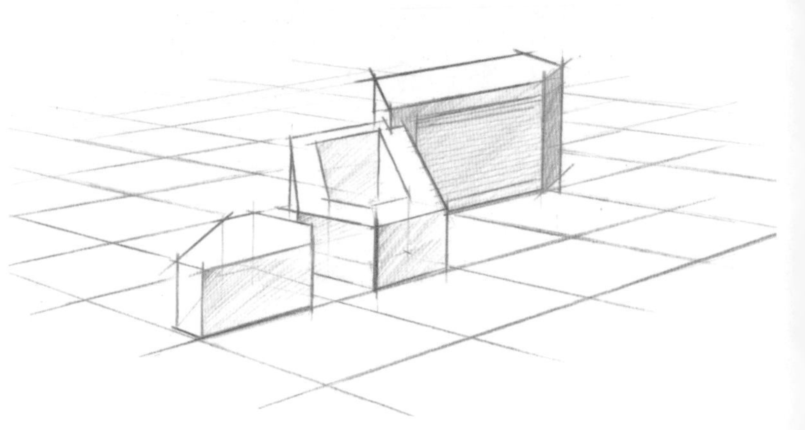

建筑空间、形体、透视分析图

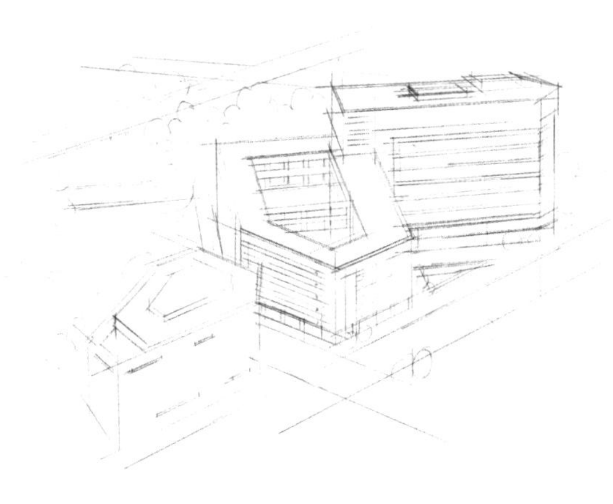

01 用铅笔起稿，确定鸟瞰图的基本透视关系、结构和比例，重点是确定视平线的高度。

02 用 0.05 毫米的针管笔画出墨线稿，刻画建筑的体块结构，丰富建筑体块及其周边的细节。

03 用红色 R143、R144 号马克笔绘制建筑的基本色彩。以平涂排笔绘制，注意不要画到线稿外面。逐渐完善线稿。

❶ 建筑的灰面用红色 R143 号马克笔绘制
❷ 建筑的暗面用红色 R144 号马克笔绘制

04 用蓝绿色 BG95 号马克笔绘制玻璃，绘制玻璃的蓝绿色 BG95 号与绘制水体的蓝色 B235 号马克笔要有色彩倾向的变化。

❸ 建筑内墙用暖灰色 WG466 号马克笔绘制
❹ 用蓝绿色 BG233 号马克笔绘制建筑暗面的玻璃
❺ 注意颜色不要画到线稿外面

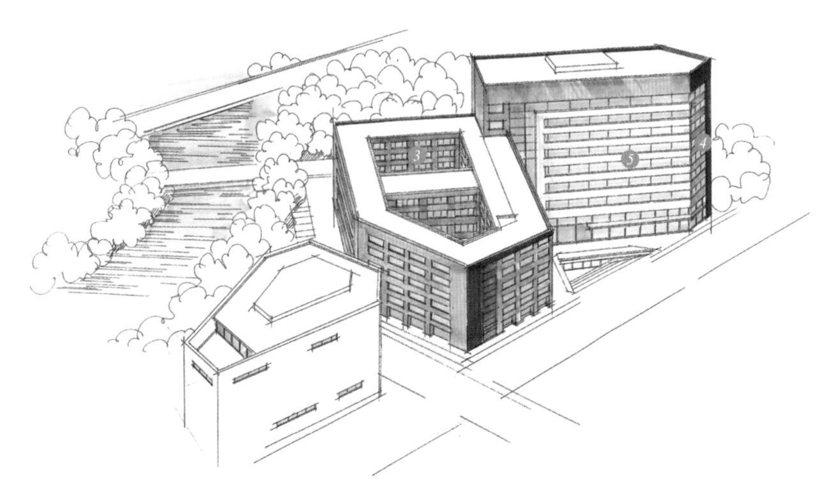

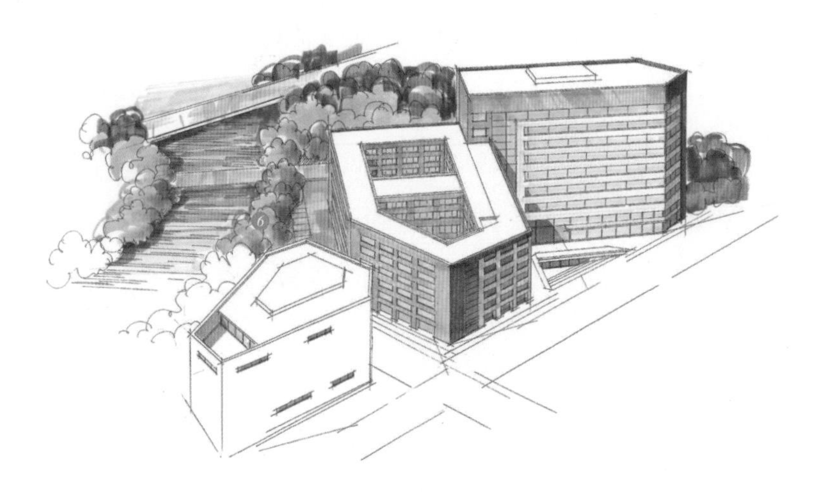

05 建筑左右两侧的植物起到陪衬的作用。绘制植物的颜色时要注意，近处用黄绿色 YG16、YG27、YG30 号马克笔，远处用绿色 G58、G52，蓝绿色 BG107 号马克笔，这样可以突出植物颜色的层次。建筑周边的地面用暖灰色 WG466 号马克笔绘制，建筑投影用暖灰色 WG469 号马克笔绘制。

❻ 注意植物前后色调的冷暖变化

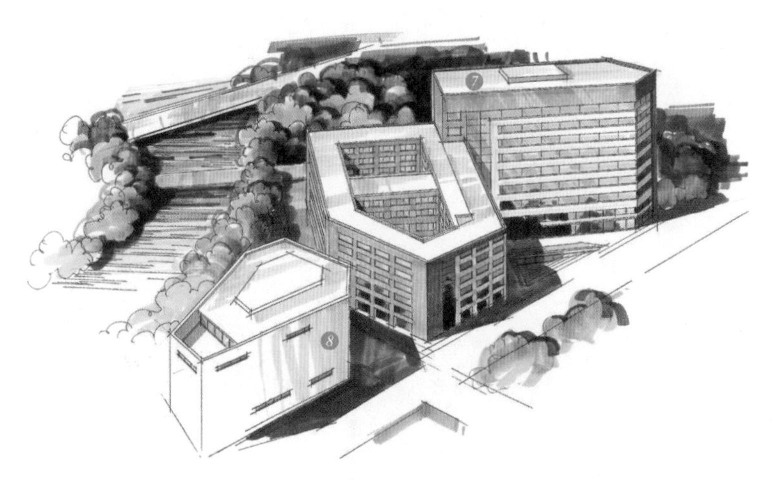

06 用暖灰色 WG470 号马克笔绘制建筑的阴影，用绿色 G50、G52，蓝绿色 BG106、BG107 号马克笔绘制玻璃的反光效果和远处的植物。建筑投影应符合建筑的基本体块关系。绘制建筑的前景植物是为了让画面更饱满。

❼ 建筑顶面采用暖灰色 WG464 号马克笔平涂绘制

❽ 近处的建筑采用暖灰色 WG464、WG465 号马克笔以概括的方式表现

07 用冷灰色 CG274 号马克笔刻画窗户的结构和细节，使窗户更有立体感。用暖灰色 WG470 号马克笔刻画建筑顶部的投影细节，底层的玻璃上反射出建筑前面的植物和建筑。

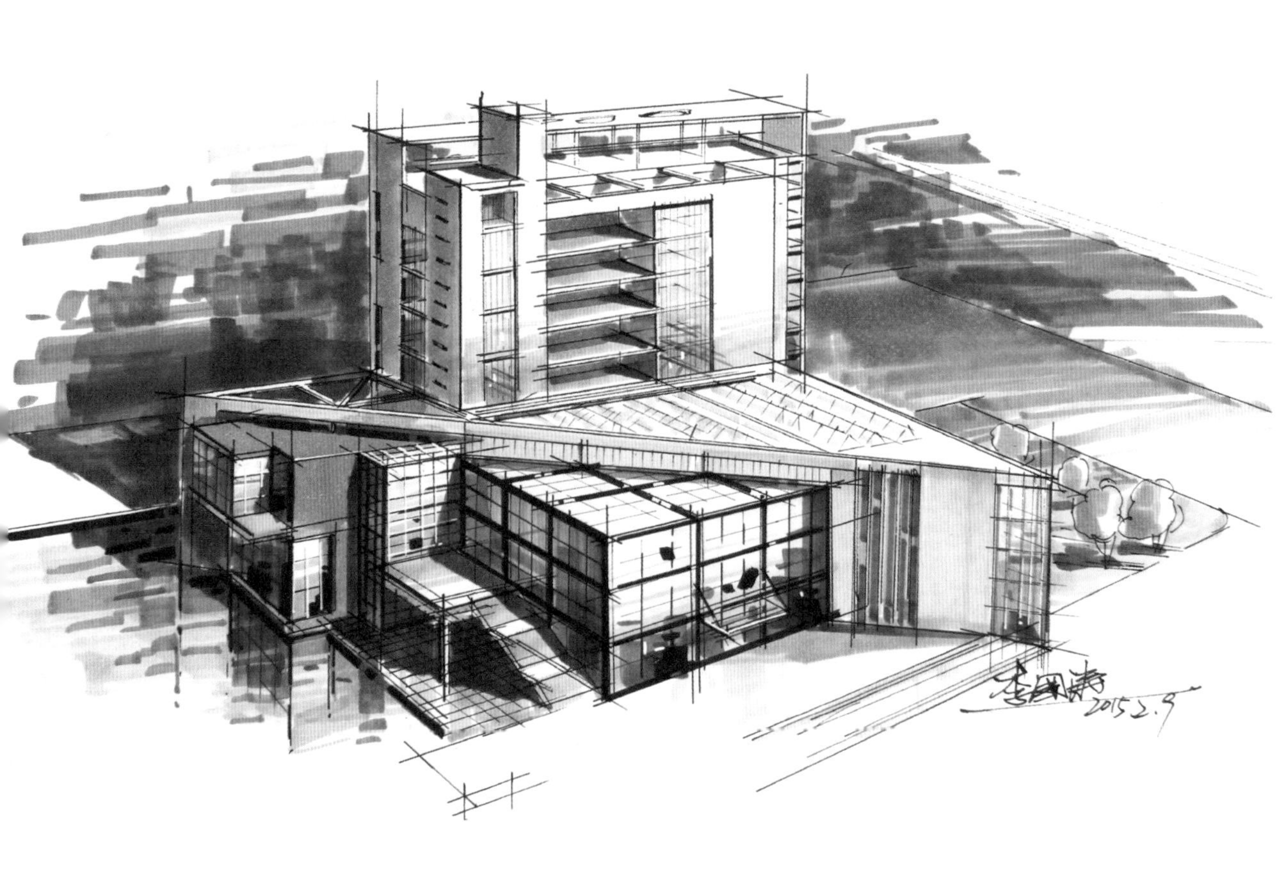

2.4 构图训练

构图应以表现出设计方案的最佳效果为目标。构图就是“经营画面”，是将需要表现的建筑体块、建筑元素、植物等合理地安排在画面中的适当位置，以形成统一、协调的完整画面。

构图的主要形式有三角形构图、矩形构图、“S”形构图等。三角形构图具有高耸、上升的感觉，会使在该构图中的建筑显得更雄伟、挺拔；矩形构图使画面具有安定、大方、平稳之感；“S”形构图画面比较灵活、效果生动。无论选择哪种构图形式，都应表现出自身对建筑的感受。

2.4.1 三角形构图

三角形构图多用于表现高层建筑或高耸的建筑效果。使用三角形构图，画面具有灵活、跳跃的感觉。

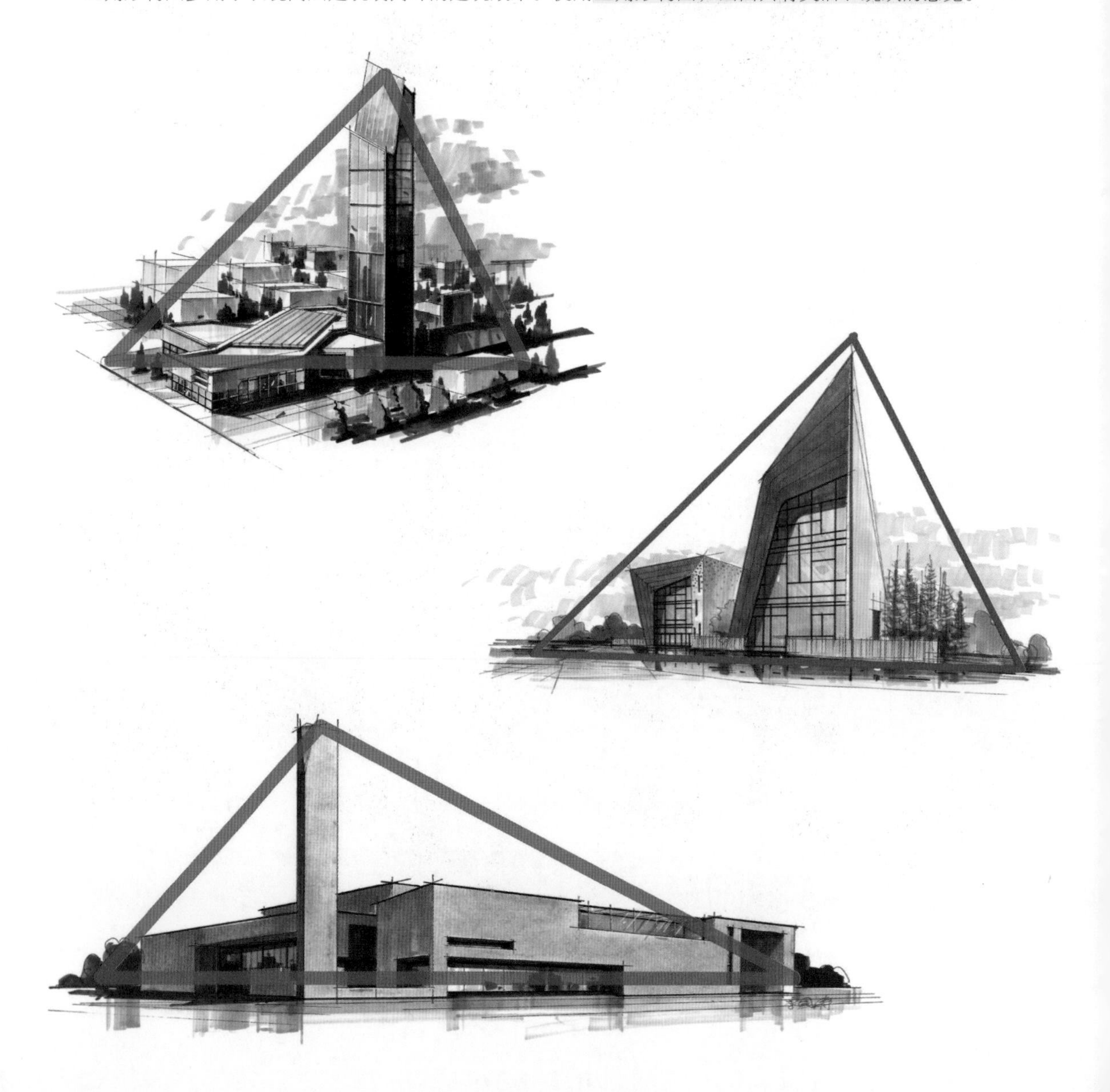

案例

扫码关注绘客
微信公众号

输入 56263 下载
并观看此处视频

建筑空间、形体、透视分析图

01 本建筑采用三角形构图来表现。用铅笔起稿，勾画出建筑的基本结构，以及周边的植物、水体和路面，找准比例。

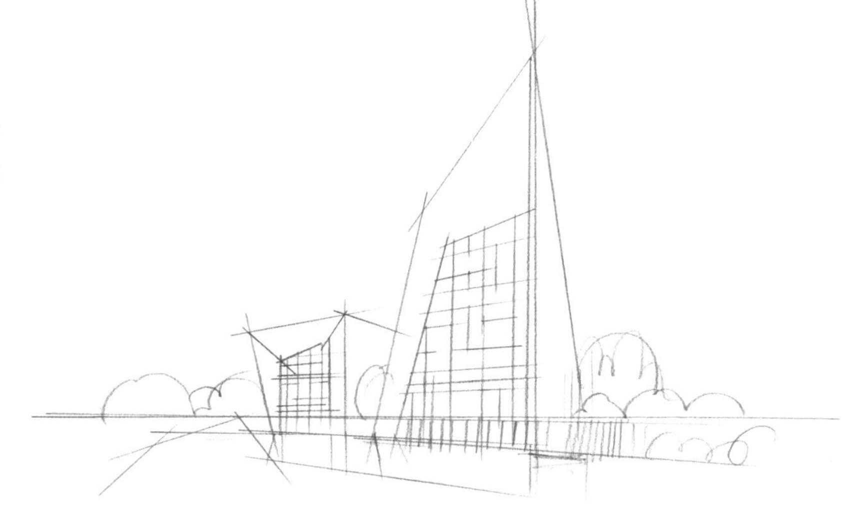

02 用针管笔画出建筑和周围植物的墨线稿，确保建筑的结构和形态基本正确。

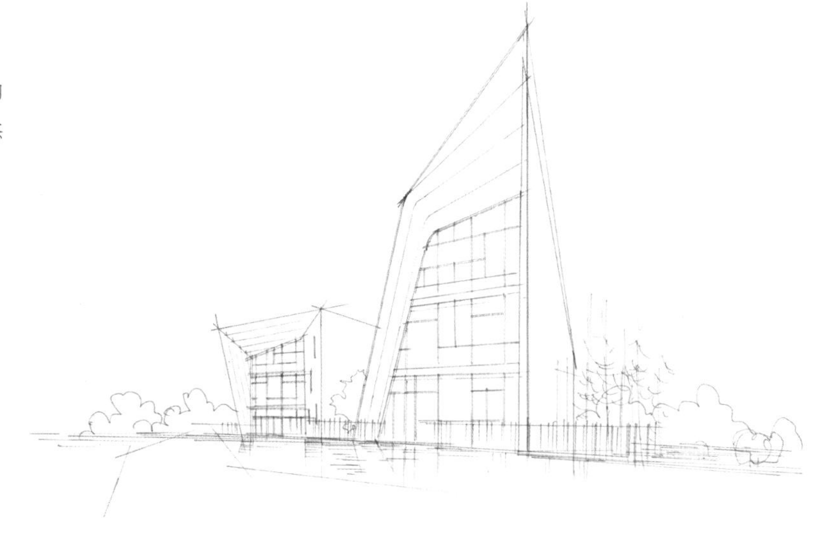

03 在建筑墨线稿的基础上用暖灰色WG465号马克笔以平涂排笔绘制建筑体块。建筑暗面用暖灰色WG469、WG470号马克笔绘制。用黄色Y5号马克笔绘制建筑前方栅栏。

❶ 用蓝色 B241 号马克笔以平涂排笔绘制玻璃幕墙

04 以平涂排笔绘制水面和建筑的倒影效果。水面用蓝色B237号马克笔绘制玻璃用蓝绿色BG95号马克笔绘制。

05 用黄绿色YG24、YG26、YG37号和红色R144、R143号马克笔绘制植物以丰富建筑周边的环境。注意植物的绿色要有色调的变化，以丰富画面的色彩。

❷ 用绿色 G58、G52、G50，蓝绿色 BG106、BG107 号马克笔表现水中反射的环境

06 用黑色 191 号马克笔刻画建筑的窗框结构和各处细节。用蓝绿色 BG83 号马克笔以灵活变化的笔触绘制天空，用暖灰色 WG464、WG465、WG466 号马克笔绘制建筑左侧的道路，再用白色马克笔刻画地面缝隙的细节。

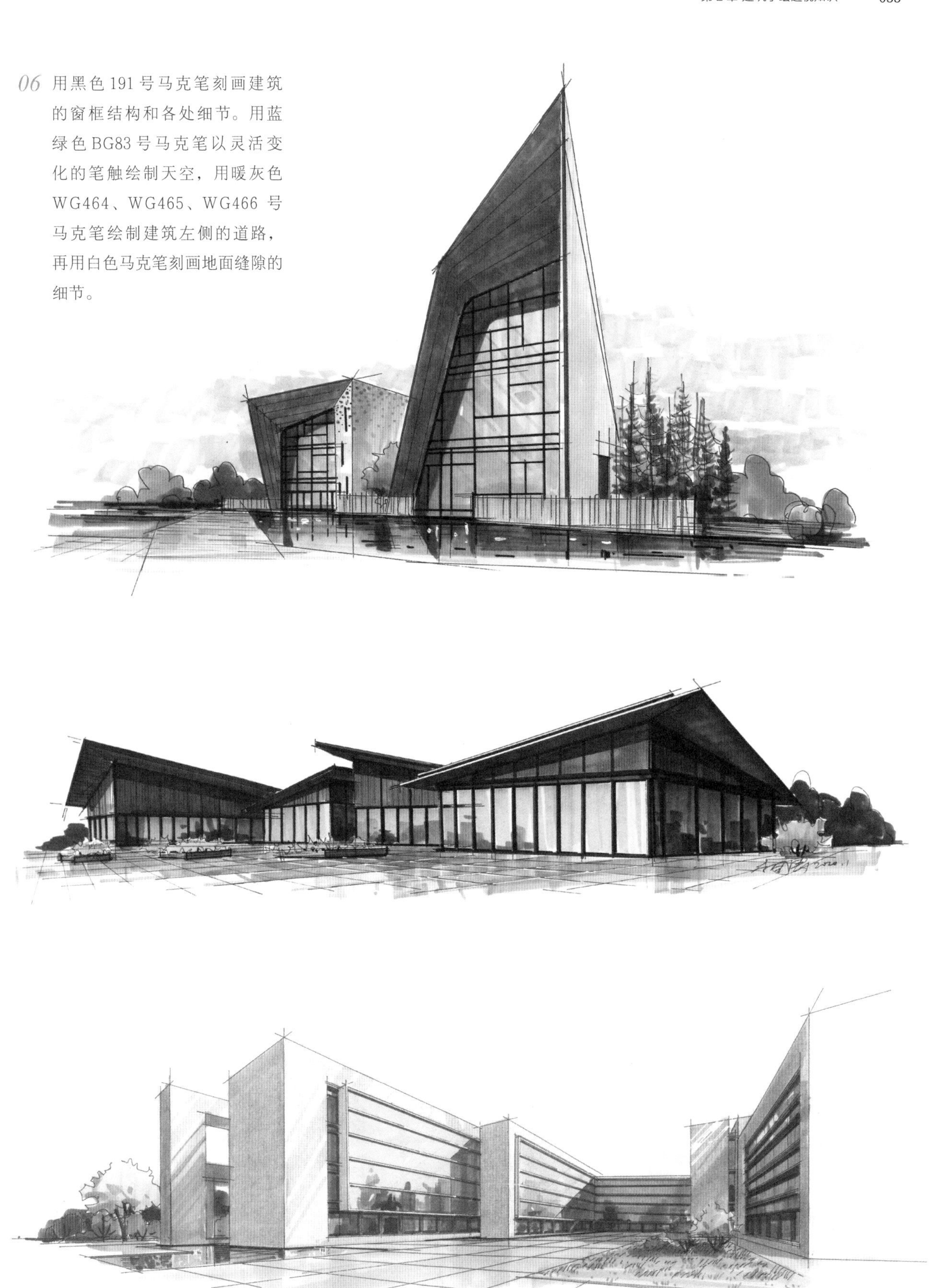

2.4.2 矩形构图

矩形构图可使画面看起来更加“稳定和均衡”。采用矩形构图的建筑，画面的上、下、左、右各部分之间关系稳定，给人以平稳、可靠、坚如磐石的感觉。

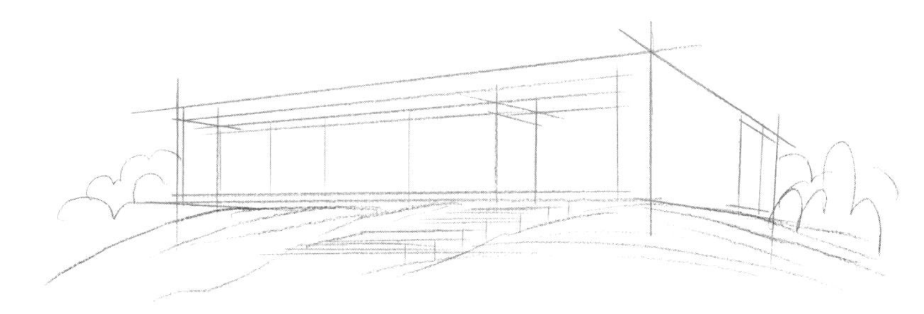

建筑空间、形体、透视分析图

01 用铅笔起稿，用矩形构图来表现建筑。要求建筑形体的透视关系、比例基本正确。

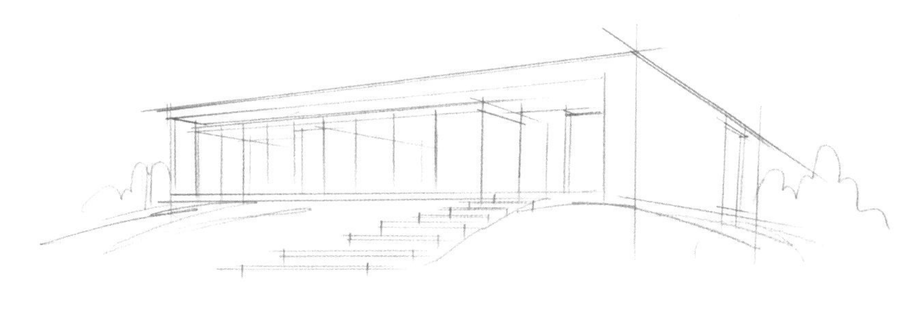

02 用铅笔画出建筑的基本形体后，再用 0.05 毫米的针管笔勾画墨线稿，画出建筑的具体形态结构。

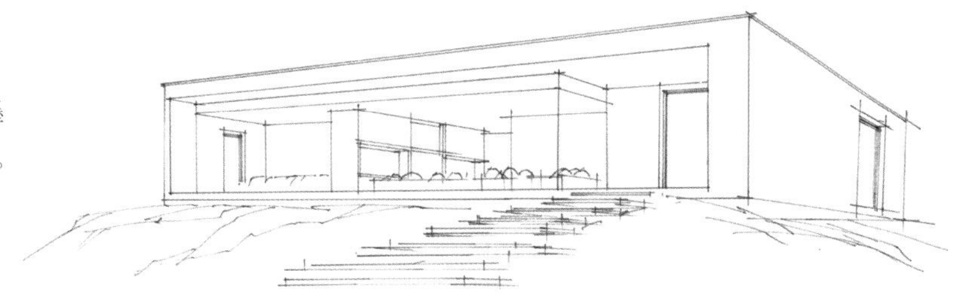

03 在墨线稿的基础上用蓝绿色BG233、BG84号马克笔以平涂排笔绘制玻璃，注意亮面与暗面要有所区别。用炭灰色TG253、TG255号马克笔分别表现建筑亮面与暗面的墙面。

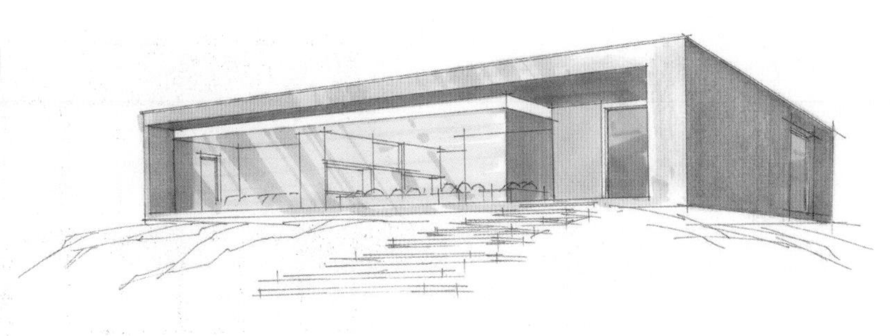

04 用黄绿色YG24、YG26号马克笔绘制近景植物，用黄绿色YG30号马克笔绘制右侧植物，马克笔运笔应灵活变化。玻璃里面的物体用棕色E246号马克笔绘制，要适当地刻画出内部结构。玻璃暗面用蓝绿色BG84、BG73号马克笔绘制，用蓝绿色BG106、BG107，绿色G58号马克笔刻画出玻璃上的反光效果。

❶ 注意结构应准确，简单刻画即可

❷ 用黄绿色YG37号马克笔绘制楼梯投影

05 用黄绿色YG37、YG21号马克笔绘制建筑周围的植物，用棕色E248、E247号马克笔绘制建筑内部物体。建筑外墙投射到玻璃上的阴影用蓝灰色BG88号马克笔绘制。建筑前的草地用黄绿色YG27、YG16号马克笔绘制，马克笔运笔应灵活，随着地形运笔。

❸ 用蓝灰色BG88号马克笔绘制建筑反射在玻璃上的效果

❹ 用蓝绿色BG73、BG107号马克笔绘制建筑暗面的玻璃

❺ 用冷灰色CG273号马克笔绘制建筑的投影

06 天空用蓝绿色BG83、蓝色B240号马克笔绘制玻璃用蓝色B235号马克笔绘制，注意要有色相的区分。天空起到衬托建筑主体和丰富画面的作用。

❻ 用冷灰色CG272号马克笔绘制台阶，注意区分台阶结构

❼ 建筑两侧的植物用黄绿色YG21，蓝绿色BG107，绿色G58、G50号马克笔绘制

07 用蓝灰色 BG88、BG89，绿色 G58，蓝绿色 BG107 号马克笔绘制玻璃上的反光效果，丰富建筑细节。

2.4.3 “S”形构图

与前两种构图相比，“S”形构图更灵活，画面效果更加跳跃，同时也更有层次感。

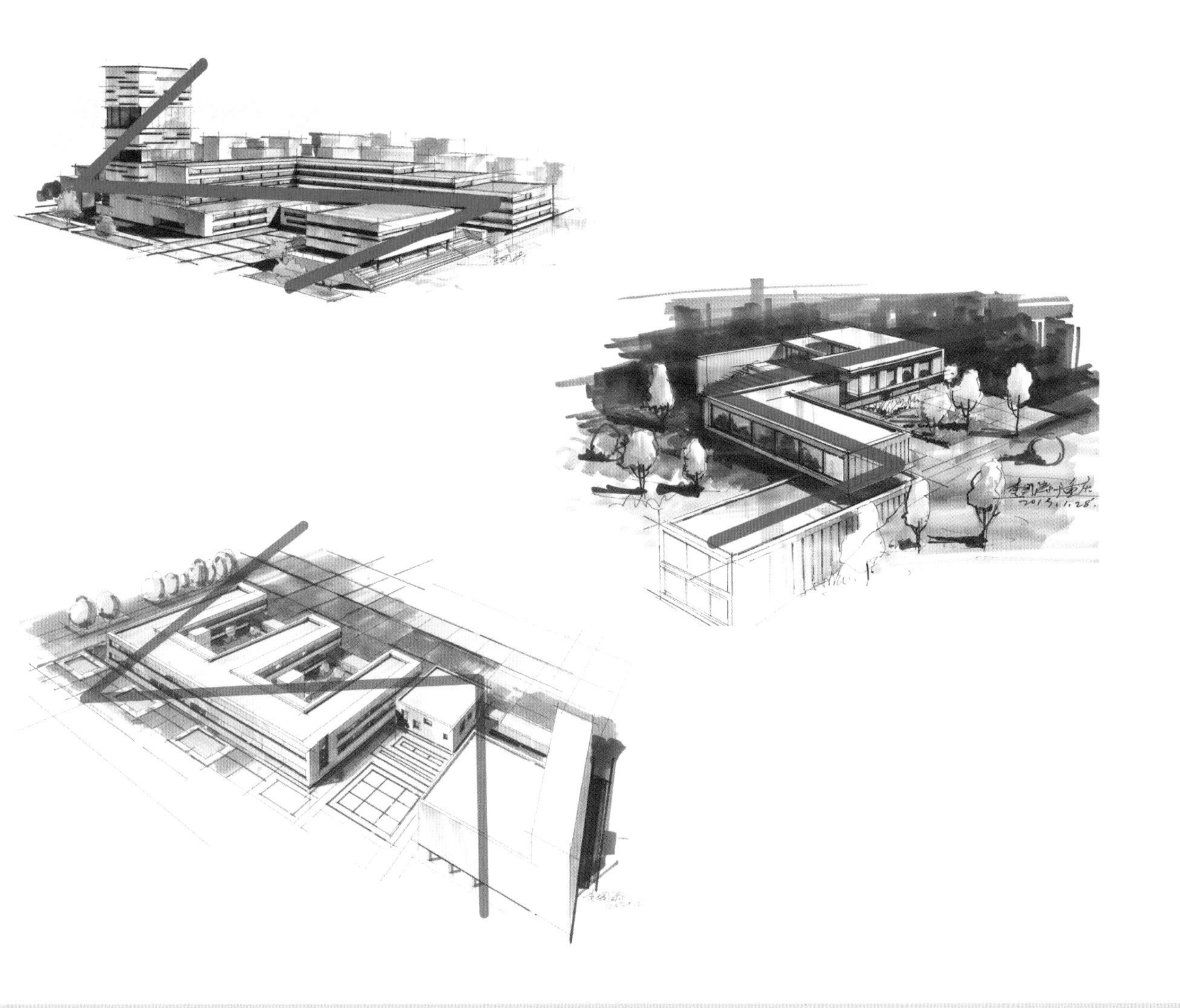

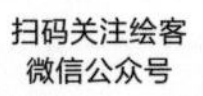

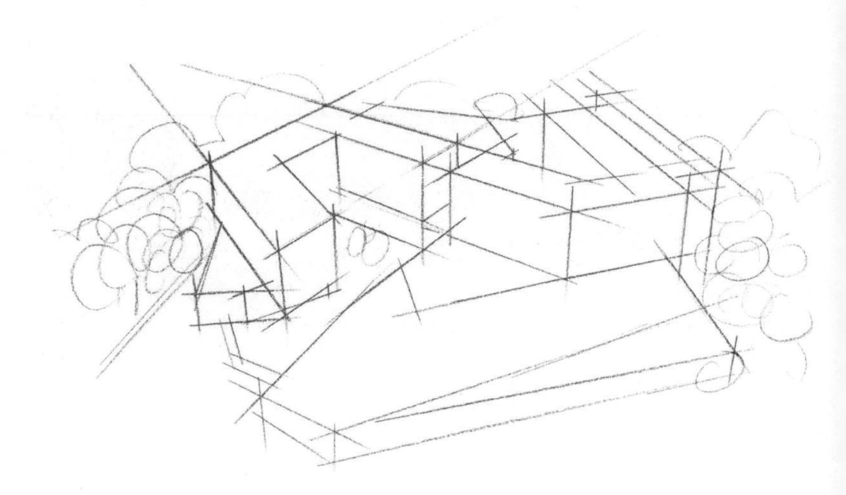

建筑空间、形体、透视分析图

01 用铅笔起稿，用“S”形构图形式来表现建筑。要求“S”形建筑形体的透视关系、比例基本正确。

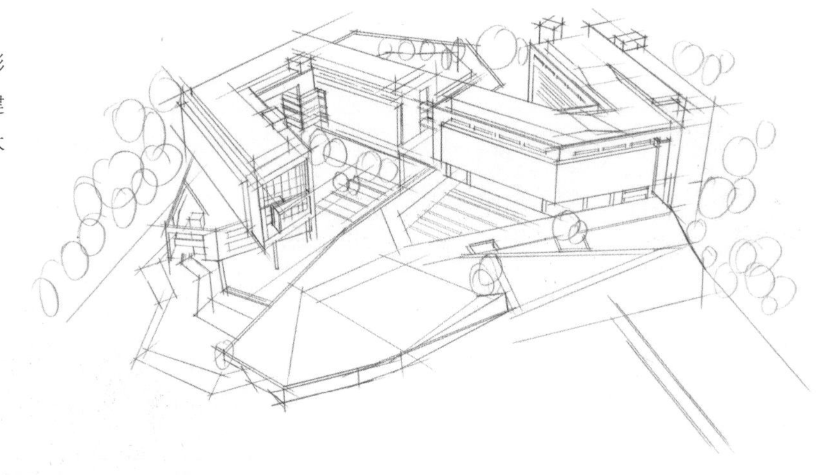

02 在用铅笔画出建筑的基本形体的基础上，再用0.05毫米的针管笔勾画墨线稿，画出建筑的具体形体结构。

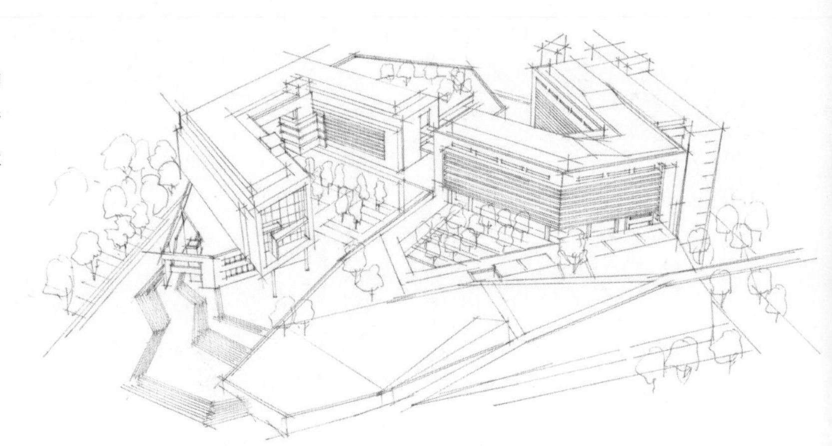

03 用绿色 G51、G57、BG106 号马克笔绘制建筑周围的植物。

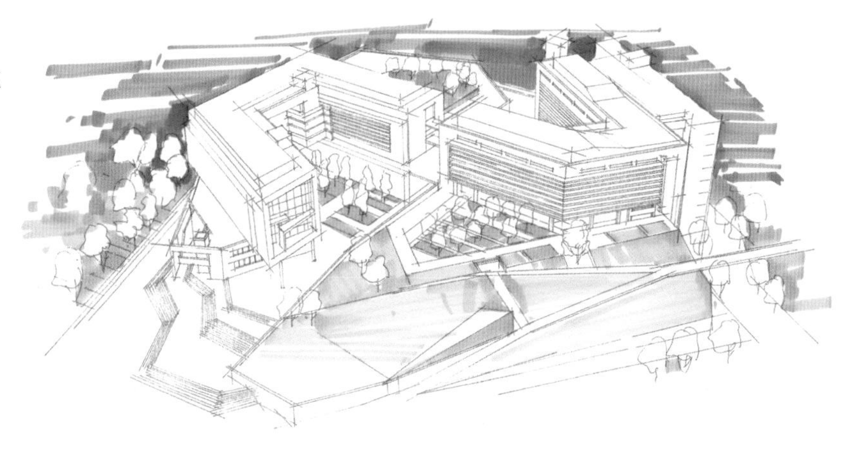

04 用冷灰色 CG270、CG271 号马克笔绘制建筑暗面。

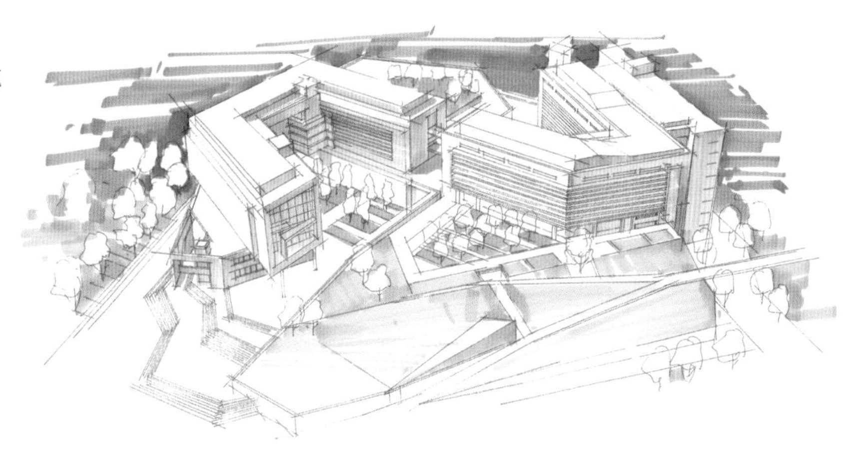

05 建筑暗面玻璃用蓝绿色 BG84 号马克笔绘制，亮面玻璃用蓝色 B235 号马克笔绘制。

❶ 用暖灰色 WG467 号马克笔绘制投影
❷ 用冷灰色 CG274 号马克笔绘制阴影
❸ 用炭灰色 TG253、TG255 号马克笔分别绘制建筑亮面与暗面

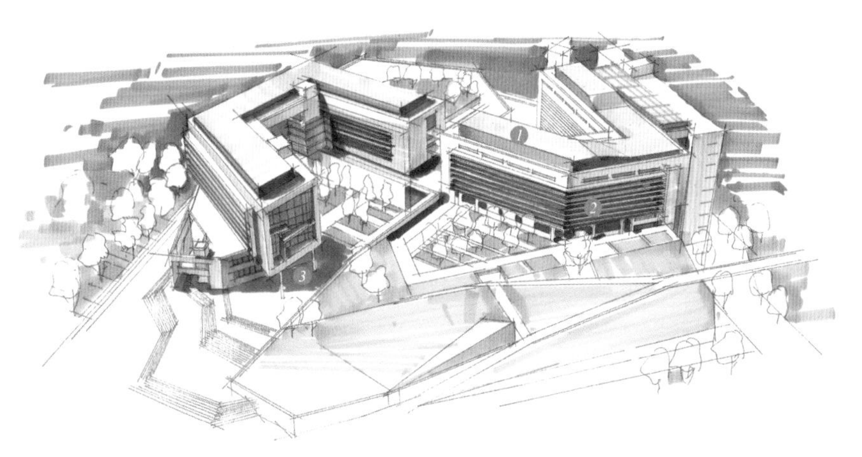

06 用炭灰色 TG257，暖灰色 WG465、WG466 号马克笔绘制地面，马克笔运笔应灵活，随地形运笔。

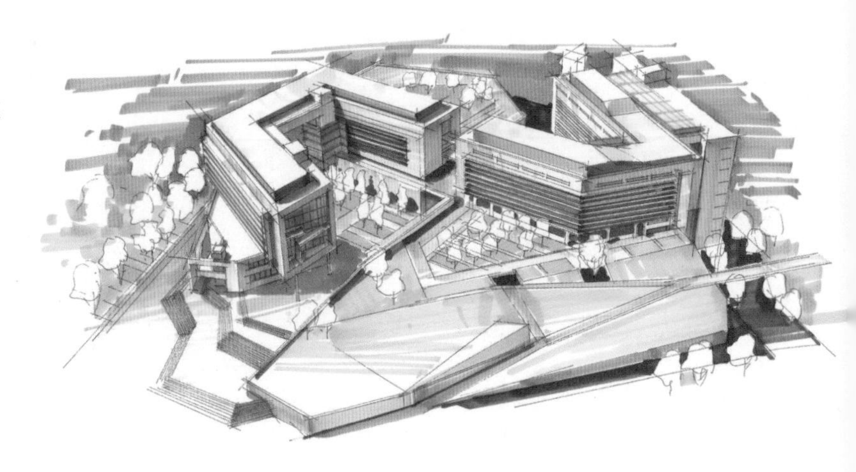

07 用黄绿色 YG24、YG26、YG30 号马克笔绘制建筑周围的树木，马克笔运笔应灵活，随树木形状运笔。

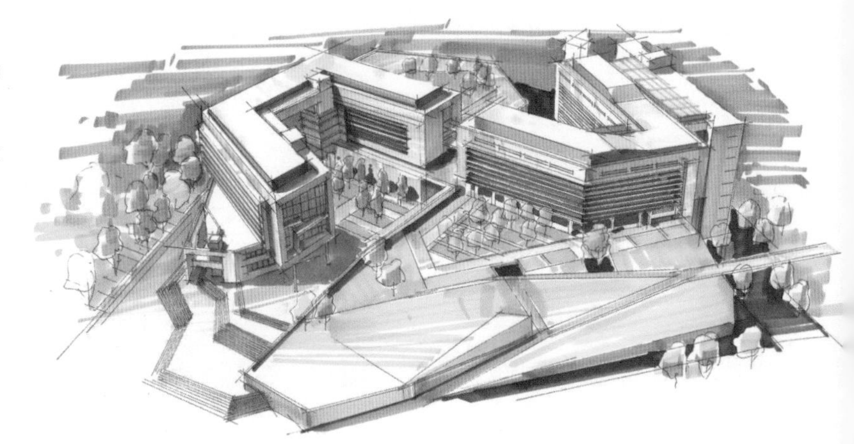

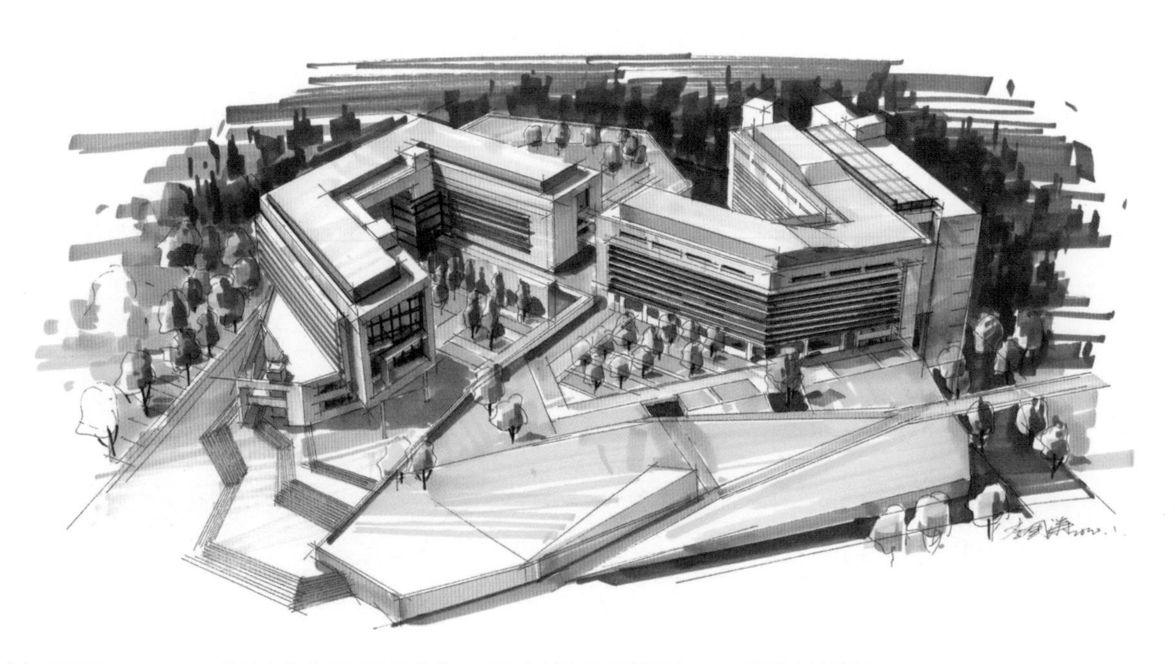

08 用绿色 G58、G50 号马克笔绘制远处的植物，近处的树木投影用绿色 G61 号马克笔绘制。

第3章

建筑配景表现技法

3.1 植物表现技法

3.1.1 乔木

乔木在建筑设计中较常见，也是建筑设计的重要组成部分。多数乔木都会被修剪成理想的形态，也就是更易于观赏的形态。

画乔木时，应先用单线条从树干开始画，再用双线条表现乔木树干与树枝的具体形态，最后画乔木的树冠。

案例

01 用铅笔起稿，勾画出场景中地面、草坪、灌木、乔木的位置。

02 画出墨线稿，表现出植物的具体形态和空间布局，植物的形态要丰富。

03 用黄绿色 YG23、YG24 号马克笔以平涂排笔绘制草坪。

04 用黄绿色 YG23、YG24、YG16、YG26、YG27，绿色 G56，黄红色 YR219，红色 R144 号马克笔表现植物的色彩，以向上扫笔绘制植物。

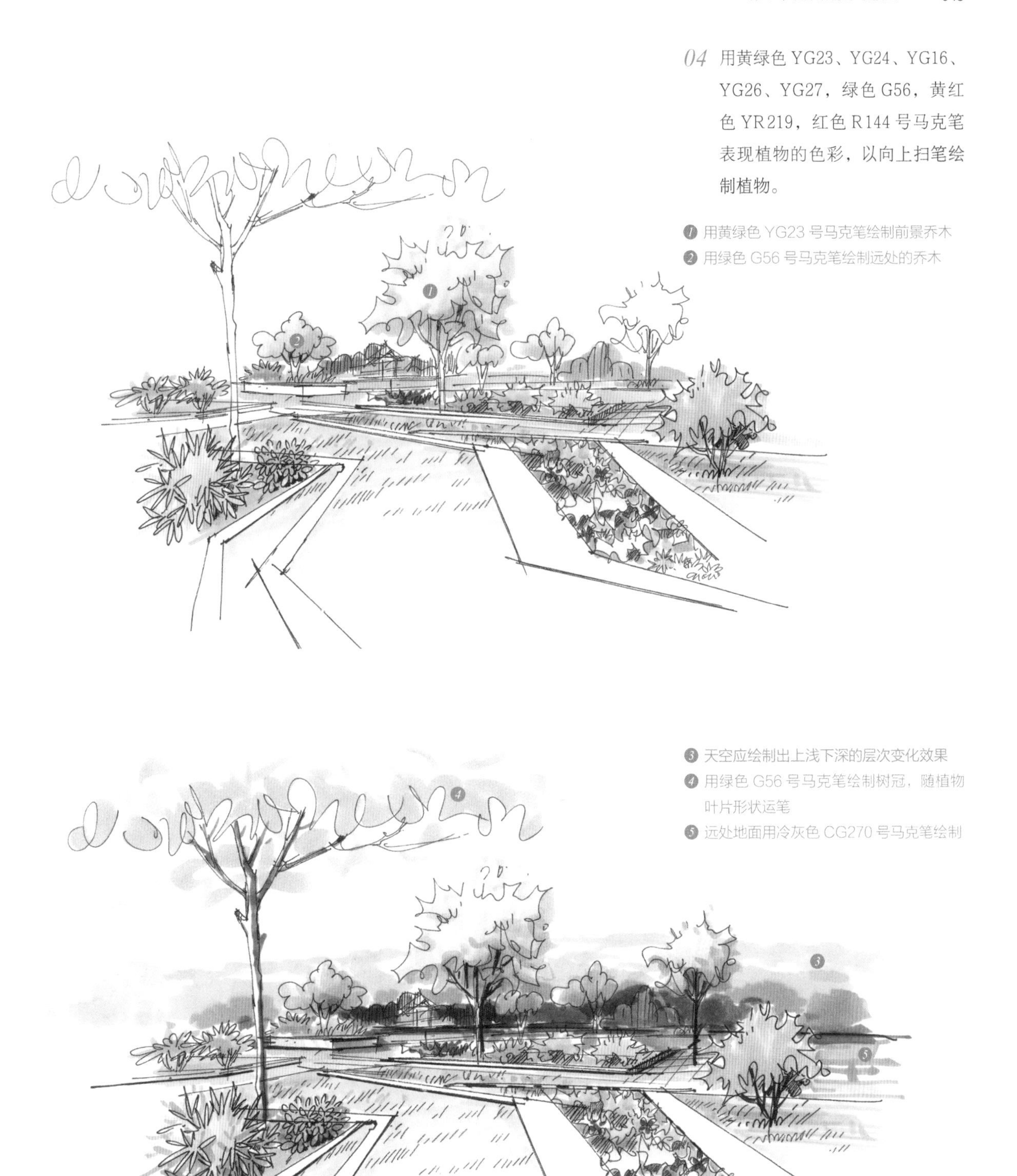

❶ 用黄绿色 YG23 号马克笔绘制前景乔木

❷ 用绿色 G56 号马克笔绘制远处的乔木

❸ 天空应绘制出上浅下深的层次变化效果

❹ 用绿色 G56 号马克笔绘制树冠，随植物叶片形状运笔

❺ 远处地面用冷灰色 CG270 号马克笔绘制

05 画面远处的植物用黄绿色 YG30、YG37、YG26，蓝绿色 BG62，绿色 G58 号马克笔绘制，用蓝绿色 BG95，蓝绿色 BG233、BG84、BG95 号马克笔横扫以绘制天空，丰富画面的效果。

06 用绿色 G56、G61 号马克笔绘制树木在草坪上的投影，使画面更有空间感。远处的亭子顶部用红色 R140 号马克笔绘制，与近处使用红色 R144 号马克笔绘制的花卉形成“呼应”，使画面色彩表现更丰富。

3.1.2 灌木

灌木在环境中较常见，也是景观设计、建筑设计的重要组成部分。大部分的灌木被修剪成球体、长方体、圆柱体等几何体形状，这给手绘效果图带来了方便，使灌木更易被表现和设计。

灌木与乔木的表现方法基本相同，都是从单线条勾画主干开始，再用双线条勾画出体量形态，最后画上灌木的叶子。

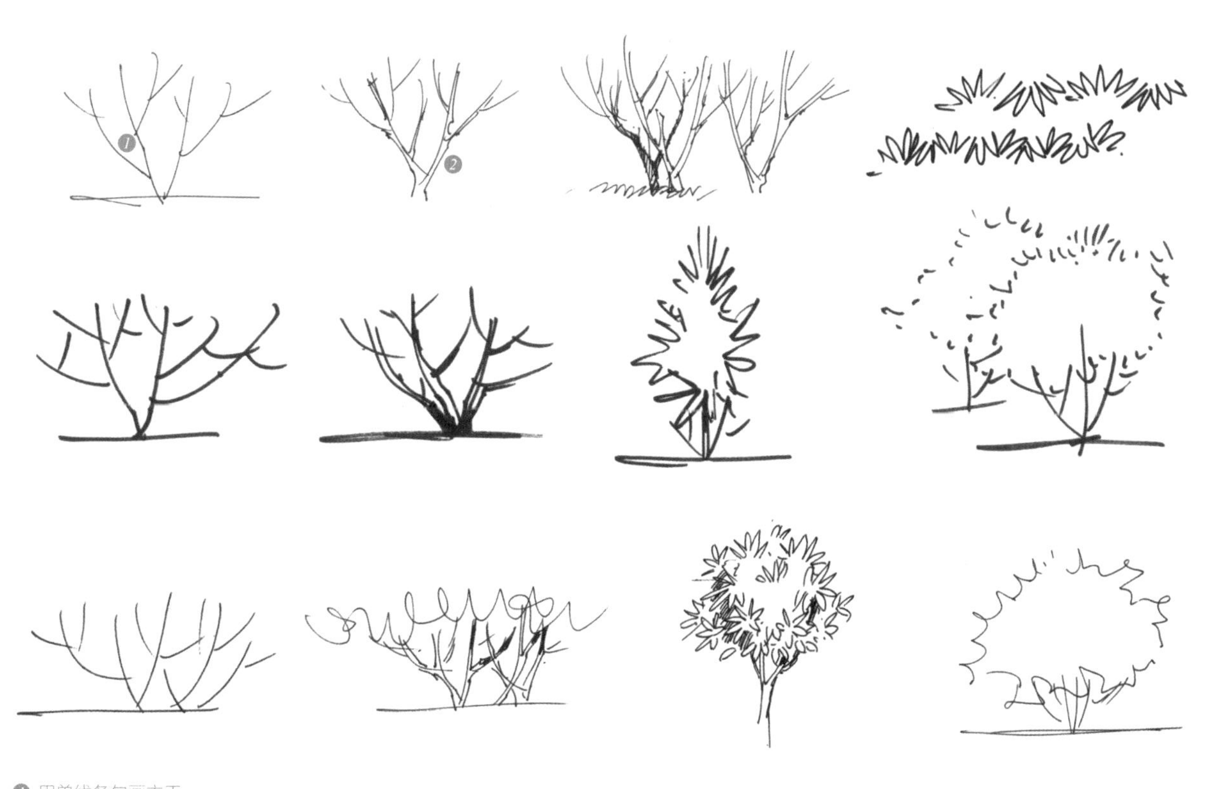

❶ 用单线条勾画主干
❷ 用双线条勾画出体量形态

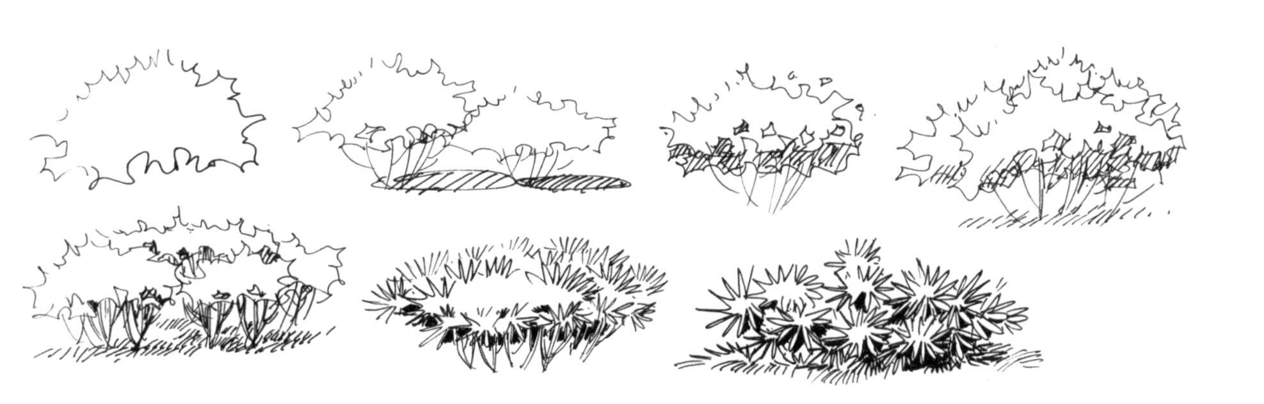

案例

01 勾画灌木的线稿，要着重刻画灌木树冠形态。

02 用黄绿色 YG23、YG26 号马克笔向上扫笔画灌木树冠，再用黄绿色 YG30 号马克笔横向扫笔画地面上的草坪，用棕色 E172 号马克笔刻画右下方的小草。灌木树冠下方可适当留白，这样更有空间效果。

03 用黄绿色 YG26 号马克笔画左侧灌木树冠的暗面，再用黄绿色 YG27、YG37 号马克笔画右侧树冠的暗面，这样使树冠更有立体感。用冷灰色 CG272 号马克笔绘制灌木树干。用棕色 E246 号马克笔画画面右下方的小草的暗面。

04 用黄绿色 YG37 号马克笔画右侧灌木树冠，使灌木更有立体效果。灌木的树干用冷灰色 CG274 号马克笔画树干。灌木下面阴影的草坪要用黄绿色 YG7，棕色 E247 号马克笔绘制。右侧的小花暗面用棕色 E171 号马克笔绘制暗面，使画面更有空间效果。

扫码关注绘客
微信公众号
输入 56263 下载
并观看此处视频

3.1.3 花卉

花卉的形态不能简单地概括成几何形状，在表现花卉时，应表现出其生长的自然形态。平时多观察、思考，绘制出来的作品才会清新、自然、富有生机。避免凌乱的秘诀是顺着叶片的生长方向绘制的同时，强调、突出花卉叶片翻转的基本形态。

案例

01 用 0.05 毫米的针管笔勾画出叶片，以“M”形状作为其基本形态。绘制椭圆时要求线条流畅、自然，底部的环境用直线绘制。

02 用黄绿色 YG24 号马克笔绘制花卉第 1 层色彩，用黄绿色 YG26 号马克笔绘制花卉暗部的第 2 层色彩。用紫色 V119、红色 R140、黄红色 YR219 点画出花卉。

03 在黄绿色 YG26 号马克笔颜色的基础上，用绿色 G52、G61 号马克笔绘制暗面，再用蓝灰色 BG88、蓝绿色 BG107 号马克笔绘制花卉的缝隙以增强花卉的空间感。

3.1.4 草坪

案例1

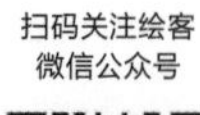

输入 56263 下载
并观看此处视频

01 在建筑场景中，草坪起到“托起”建筑的作用。用 0.05 毫米的针管笔画出墨线稿。

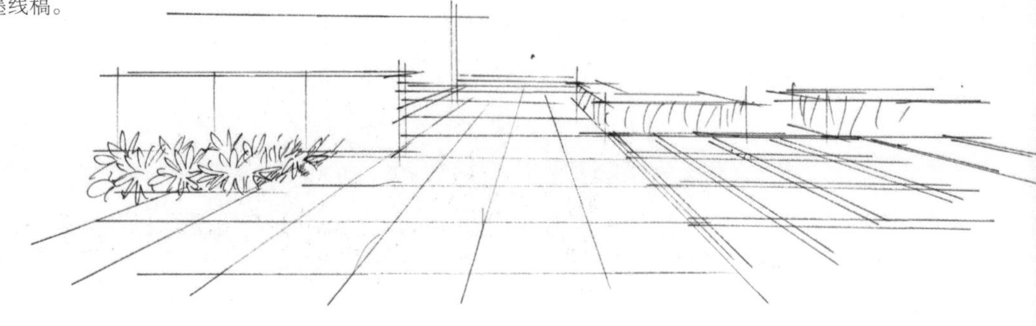

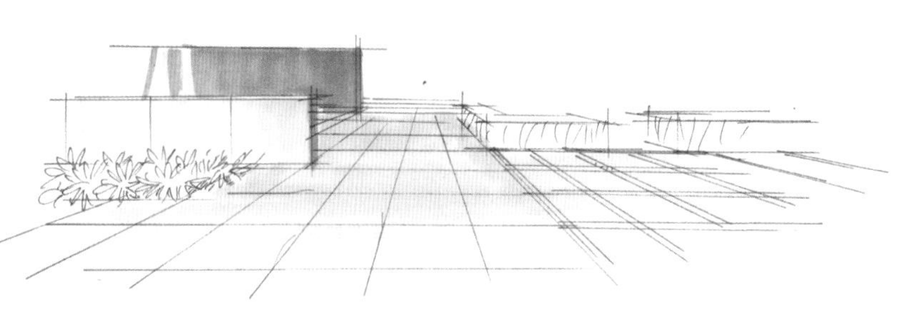

02 用暖灰色 WG465 号马克笔以平涂排笔绘制地面。用冷灰色 CG269 号马克笔绘制近处的墙面，用冷灰色 CG272 号马克笔绘制远处的墙面。

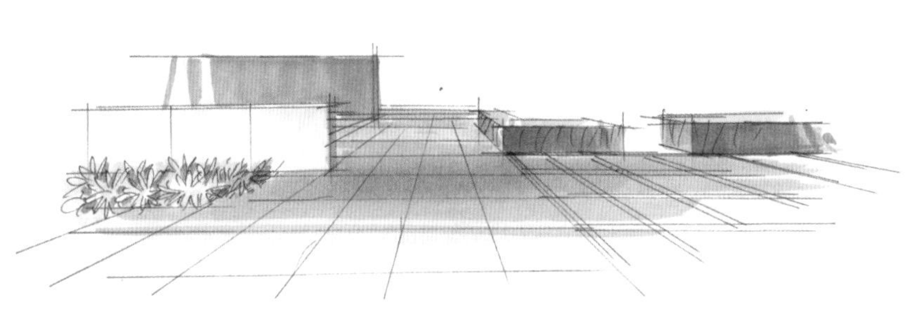

03 用黄绿色 YG24 号马克笔绘制植物的第 1 层颜色，用黄绿色 YG30 号马克笔绘制植物暗面的第 2 层颜色。用暖灰色 WG466 号马克笔再画一遍地面，使地面颜色更有层次感。

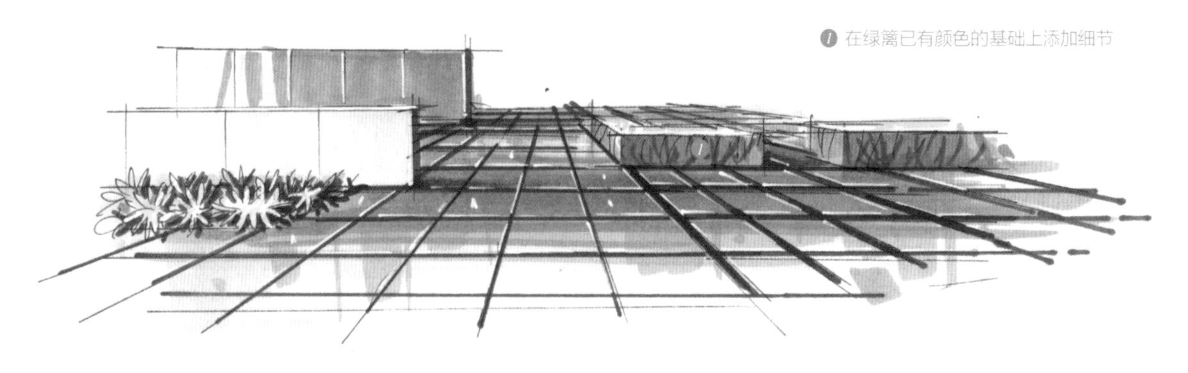

在绿篱已有颜色的基础上添加细节

04 用黑色 191 号马克笔绘制地砖的接缝，并画出墙面的阴影部分，再画出各物体在地面上的投影。最后用白色马克笔刻画墙面、地砖、植物的高光，使画面更加丰富。

案例2

01 用 0.05 毫米的针管笔勾勒出草坪与地面的墨线稿，要求透视关系和比例要正确。

02 近景草坪用黄绿色 YG24、YG16 号马克笔，远景草坪用绿色 G45、G52、G57 号马克笔，均以平涂排笔绘制。用暖灰色 WG464 号马克笔以平涂排笔绘制地面。

03 用黄绿色 YG26、暖灰色 WG466 号马克笔加深草坪和地面的颜色，丰富画面层次。

04 用暖灰色 WG470 号马克笔绘制地砖接缝，用白色马克笔画出地砖的高光，使画面效果更加丰富。

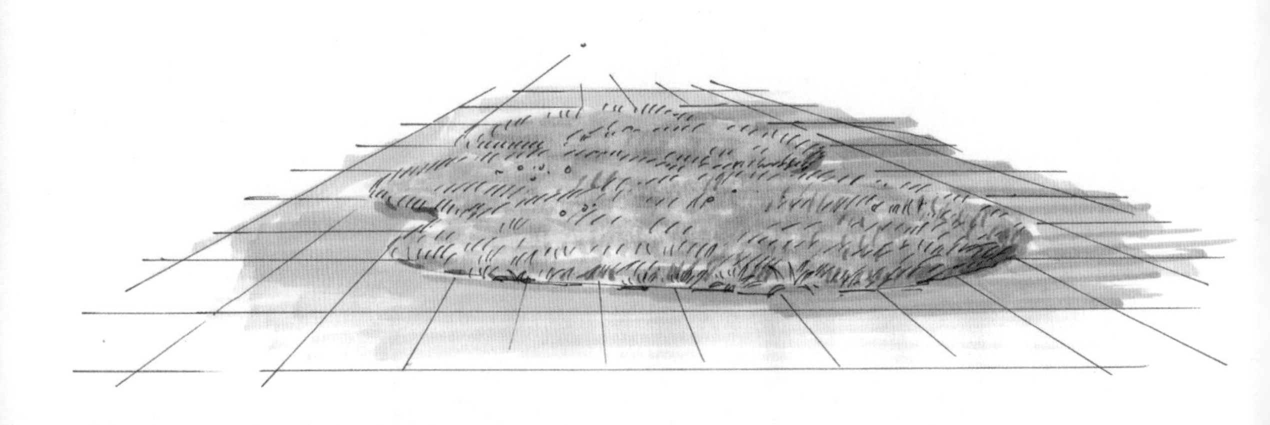

3.2 人物表现技法

刻画人物时要注意人物的基本形态，再根据人物在画面中的位置、比例以及作用，对人物进行不同程度的刻画。其中，人物的动态表现具有一定的难度。建筑效果图中的人物主要分为近景人物、中景人物和远景人物 3 种。近景人物，表现人物膝盖以上即可。中景人物，表现人物整体体型特征。远景人物，表现出人物的基本轮廓与简单色彩即可。

3.3 水体表现技法

建筑效果图中的水一般分为静态水和动态水两种。画水体时，先用墨线稿刻画出水体的基本形态、结构，再用马克笔进行表现。用马克笔表现水面时，主要采用平涂排笔画法，也可以随着驳岸的形状来刻画水面。

3.3.1 静态水

一般是指平坦的成面状的水域，范围比较大。静态水一般布置在中心绿地或公共空间。

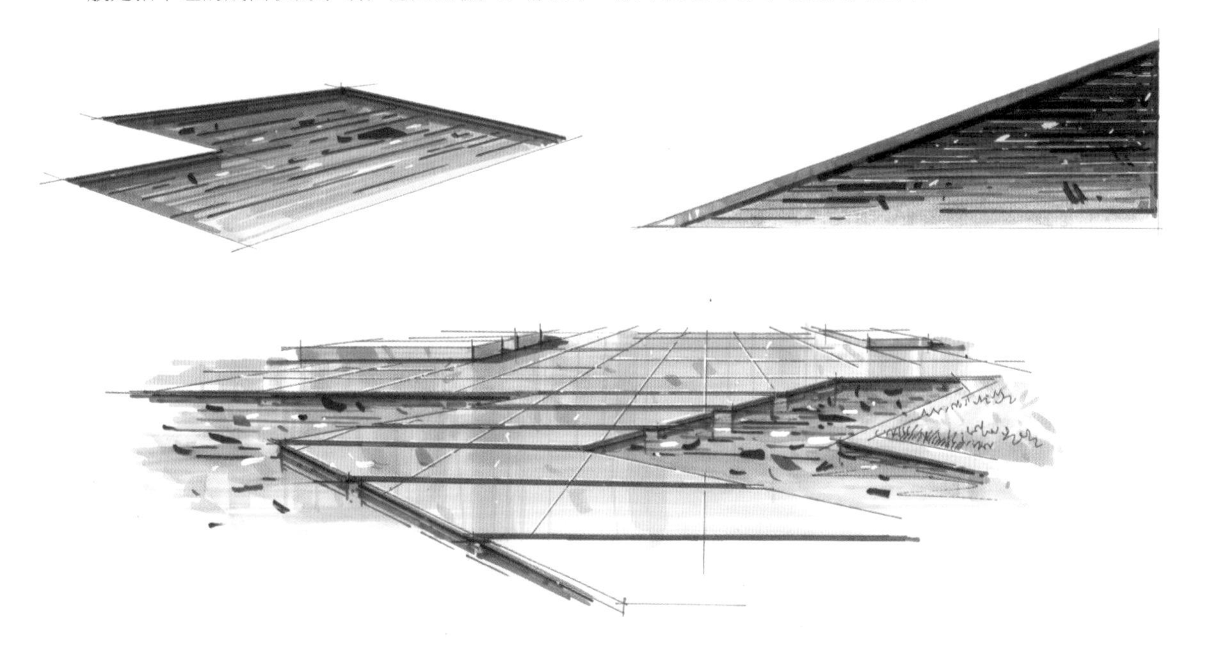

3.3.2 动态水

一般是指水幕墙、涌泉、叠水、瀑布、溪流、喷泉等园林造景水。动态水一般布置在景观的中心。

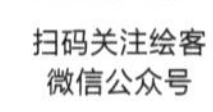

输入 56263 下载
并观看此处视频

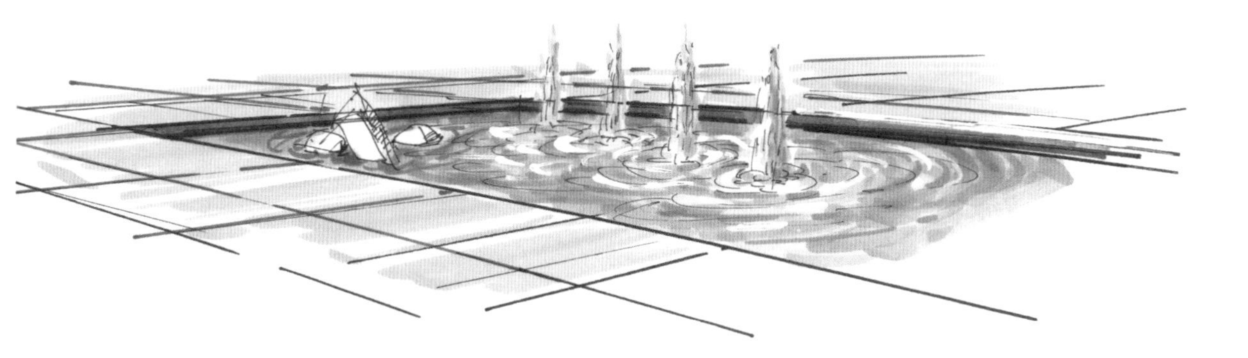

3.4 汽车表现技法

汽车在建筑效果图中较为常见，能反映出建筑所处的空间、环境。刻画汽车时要注意汽车的透视关系、比例、结构，通常先从长方体开始画起，再层层深入。

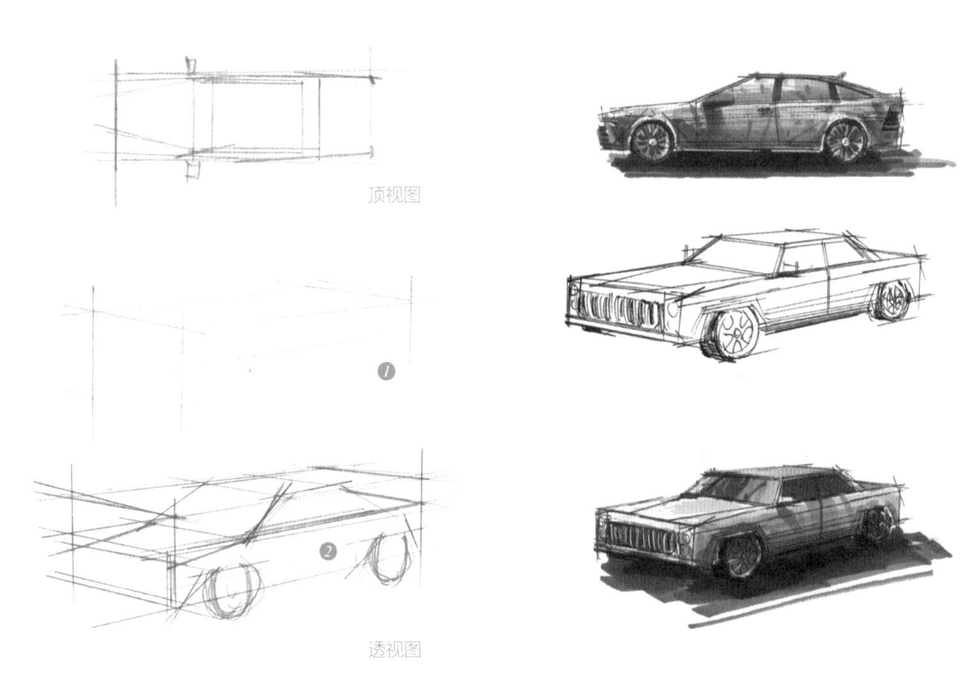

❶ 用长方体概括表现汽车外形

❷ 在长方体的基础上刻画出汽车的具体形状

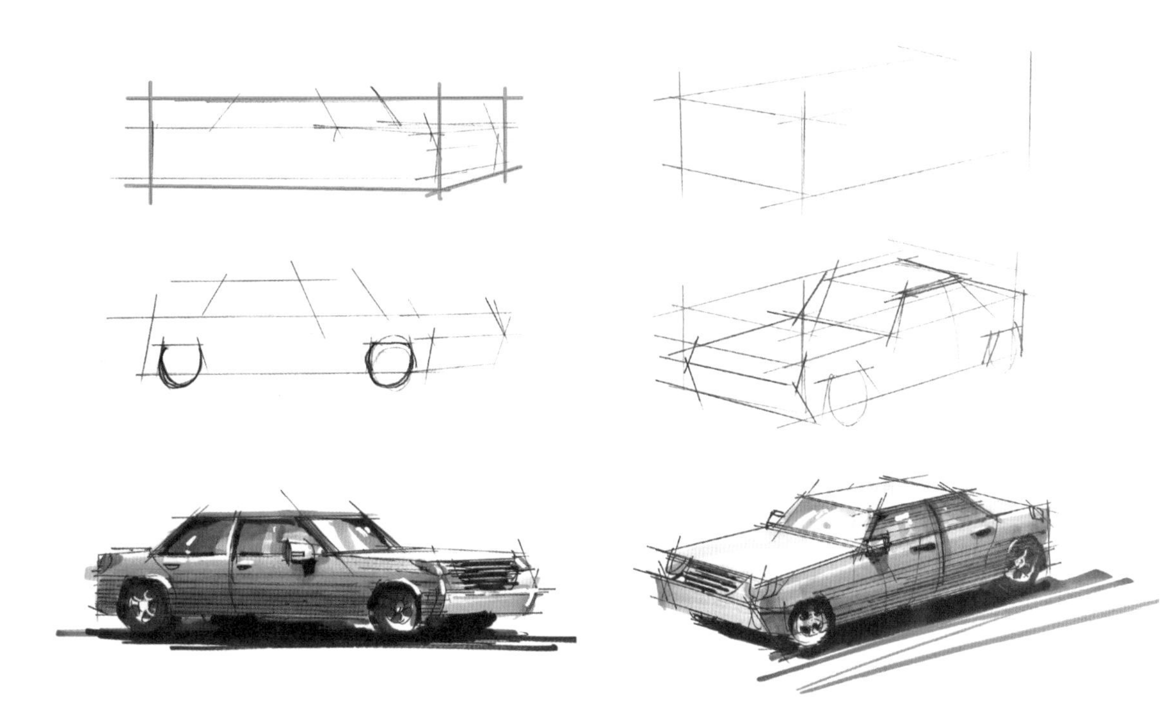

案例1

01 用铅笔起稿，刻画出汽车的基本结构，再用 0.05 毫米的针管笔勾画出汽车的墨线稿，汽车的透视关系和比例是重点。

02 用绿灰色 GG64、GG65 号马克笔表现汽车主体的明暗关系，用冷灰色 CG270、CG271、CG272 号马克笔画出汽车的玻璃。

03 深入刻画汽车的明暗对比效果，使画面更加丰富。汽车在地面上的投影用暖灰色 WG466、WG467 号马克笔绘制，保险杠用中灰色 NG282 号马克笔绘制，轮胎用中灰色 NG280 号马克笔绘制，车灯位置留白，汽车牌照用中灰色 NG279 号马克笔绘制。

案例2

01 先用铅笔起稿，再用 0.05 毫米的针管笔勾画出汽车的墨线稿。

02 用冷灰色 CG269、CG270 号马克笔绘制汽车主体。先区分出汽车的明暗对比，再画出汽车在地面上的投影。投影用冷灰色 CG274 号马克笔绘制。轮胎用中灰色 NG281 号马克笔绘制，汽车玻璃用蓝灰色 BG86、BG87、BG88 号马克笔绘制。

03 用冷灰色 CG268、CG269、CG270、CG271 号马克笔加深汽车主体的颜色，使汽车的空间感更强。用蓝灰色 BG89，冷灰色 CG272、CG273 号马克笔绘制汽车玻璃，使玻璃更有层次感。

04 用冷灰色 CG272、CG273 号马克笔绘制汽车保险杠，用蓝灰色 BG89 号马克笔绘制车轮，用蓝色 B241 号马克笔绘制车灯，用暖灰色 WG471、黑色 191 号马克笔绘制地面投影。

CHAPTER FOUR

建筑素材表现技法

4.1 玻璃表现技法　　4.2 石材表现技法　　4.3 地面表现技法

4.1 玻璃表现技法

玻璃是建筑效果图中较难表现的部分，也是建筑效果图的重要组成部分。

4.1.1 热反射玻璃

热反射玻璃一般是在玻璃表面镀一层或多层诸如铬、钛或不锈钢等金属或其化合物组成的薄膜，使其表面有丰富的色彩变化，也称为阳光控制玻璃，主要用于建筑的玻璃幕墙。

案例

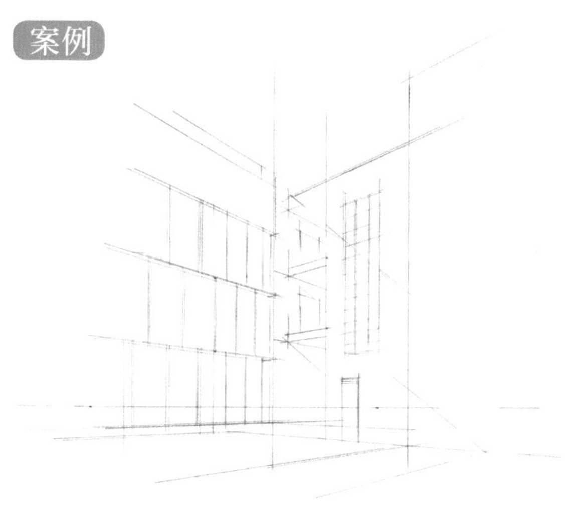

01 用铅笔起稿，要求建筑形体的透视关系和楼层高度的比例基本正确。

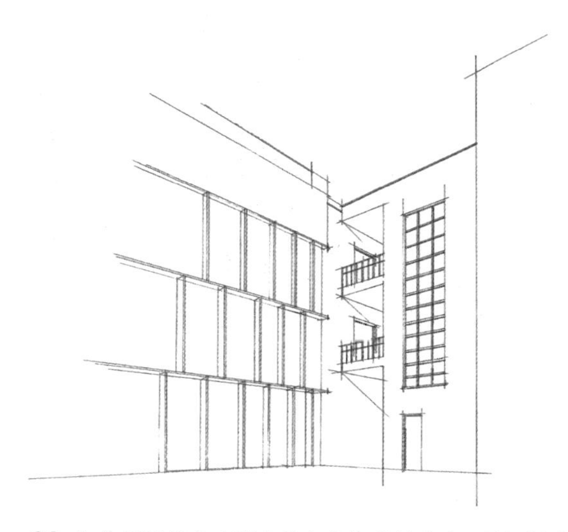

02 先分析建筑中有哪些地方是热反射玻璃，再根据建筑结构画出具体的玻璃。在画建筑墨线稿时，要求建筑结构、比例、透视关系准确，线条流畅。

03 用浅蓝色色粉笔绘制底色，要将色粉平涂均匀。再用暖灰色色粉笔平涂绘制建筑墙体。

04 用蓝色 B235 号马克笔以平涂排笔绘制玻璃幕墙，用蓝绿色 BG107 号马克笔绘制玻璃幕墙上环境的反射效果。玻璃门同样用蓝绿色 BG107 号马克笔绘制。

❶ 用蓝色 B235 号马克笔绘制玻璃时叠画一层，可以使玻璃颜色加深

❷ 用蓝绿色 BG107 号马克笔绘制玻璃幕墙上的反射效果

05 用棕色 E169 号马克笔绘制玻璃幕墙的窗框结构。

❸ 暗面玻璃也要画出反光效果，不能画成漆黑一片，用冷灰色 CG274 号马克笔表现出更深的色彩

❹ 门在前面步骤没有画，在此步骤补上，用蓝绿色 BG107、冷灰色 CG274 号马克笔进行绘制

06 用蓝灰色 BG85、BG86、冷灰色 CG274 号马克笔刻画玻璃幕墙上的细节，用黑色 191 号马克笔绘制窗框，并丰富玻璃幕墙上的反射细节。画出建筑整体的投影，地面上的投影用绿灰色 GG65、GG66 号马克笔绘制。

❺ 玻璃幕墙上反射出斜对面的建筑结构，添加一些马克笔笔触以丰富画面效果

4.1.2 磨砂玻璃

磨砂玻璃又叫毛玻璃、暗玻璃，是用普通平板玻璃经机械喷砂、手工研磨等工艺将表面处理成粗糙不平整的半透明玻璃。用途非常广泛。

案例

01 用铅笔起稿，画出窗户玻璃的基本结构。

02 先确定飘窗上半透明玻璃的基本结构，同时画出室内的部分场景。

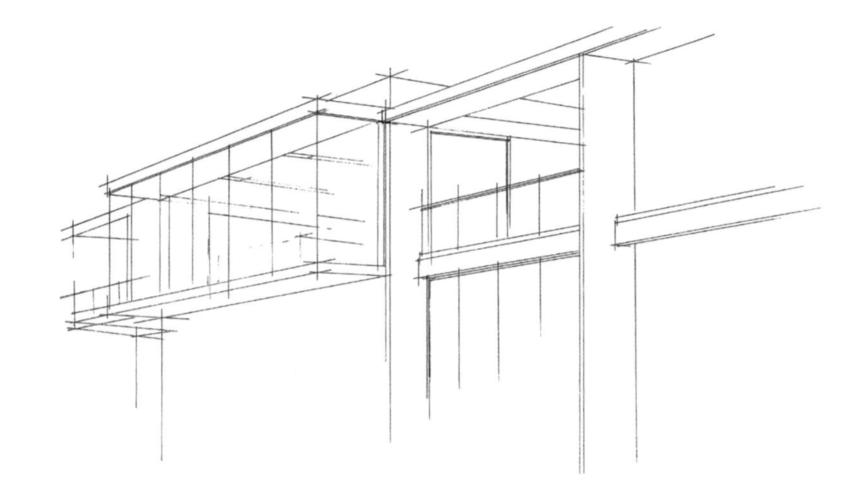

03 用蓝绿色 BG95、BG96，蓝色 B235、B238 号马克笔以平涂排笔绘制飘窗玻璃，注意区分玻璃的明暗对比和色相的微妙变化。墙体用暖灰色 WG464、WG465、WG466 号马克笔绘制。

❶ 用蓝绿色 BG95 号马克笔绘制亮面玻璃
❷ 用蓝色 B235 号马克笔绘制亮面玻璃
❸ 用蓝色 B238 号马克笔绘制暗面玻璃

❹ 用冷灰色 CG273 号马克笔绘制建筑金属结构

❺ 用绿色 G58 号马克笔绘制投影颜色

❻ 用绿色 G57、G60 号马克笔绘制玻璃反光的效果

04 用冷灰色 CG272、CG273 号马克笔绘制建筑金属结构，并丰富建筑外墙和飘窗玻璃上的细节。用砖红色色粉笔绘制建筑顶梁暗面的固有色。

❼ 用棕色 E247 号马克笔绘制建筑顶部梁暗面的结构

❽ 用冷灰色 CG274、黑色 191 号马克笔绘制玻璃窗框

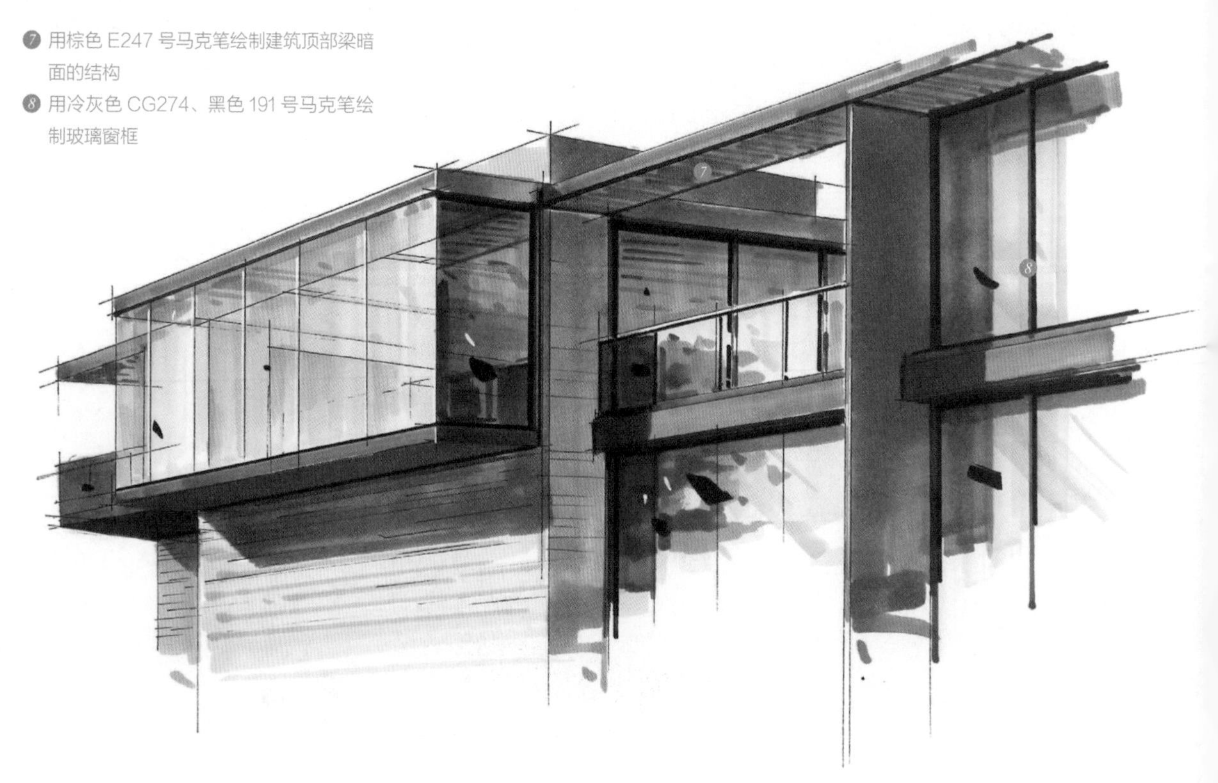

05 用绿色 G60、蓝绿色 BG84 号马克笔绘制透过飘窗玻璃看见的室内墙体，以表现半透明玻璃较通透的效果。

4.1.3 钢化玻璃

钢化玻璃属于安全玻璃的一种。生产者为提高玻璃的强度，通常使用化学或物理的方法，在玻璃表面形成压应力，从而提高了承载能力，增强玻璃自身抗风压性，抗冲击性等。主要用于门。

案例

01 用铅笔起稿，画出全透明玻璃的基本结构，再画出室内空间结构。注意室内空间结构不要画得太清晰。

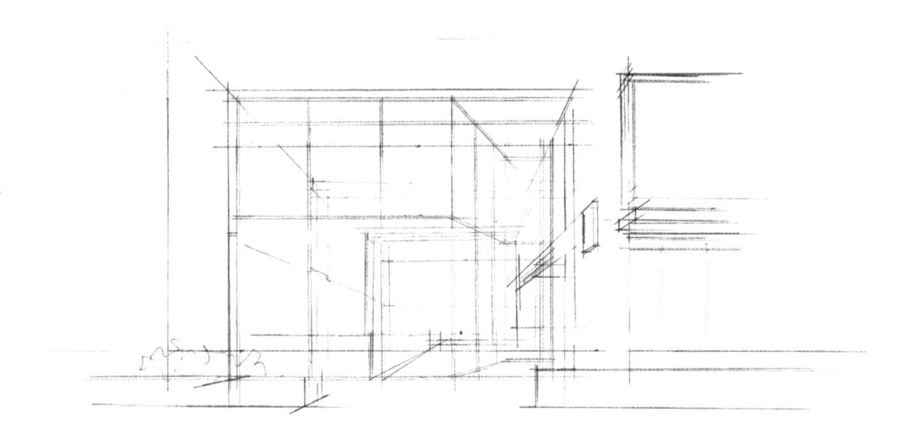

02 用 0.05 毫米的针管笔清晰地画出建筑结构、玻璃以及植物的墨线稿，再画出室内空间结构的墨线稿，墨线稿中的室内空间结构要表达清楚。

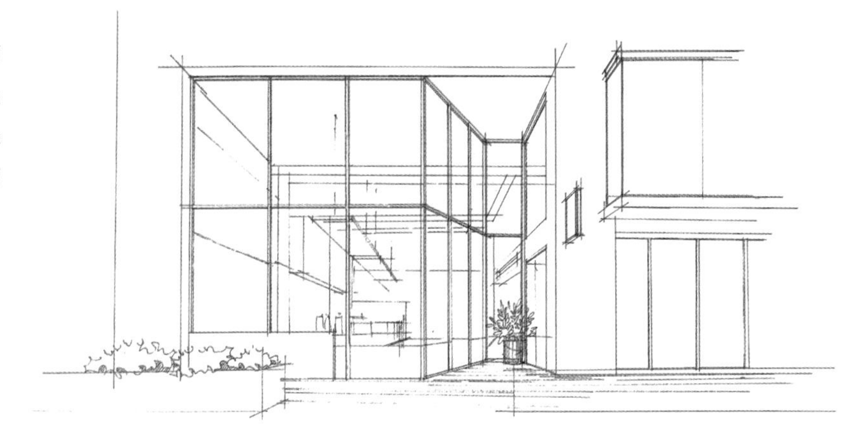

03 大面积的玻璃用浅蓝色色粉笔绘制，墙面用灰色色粉笔平涂绘制。

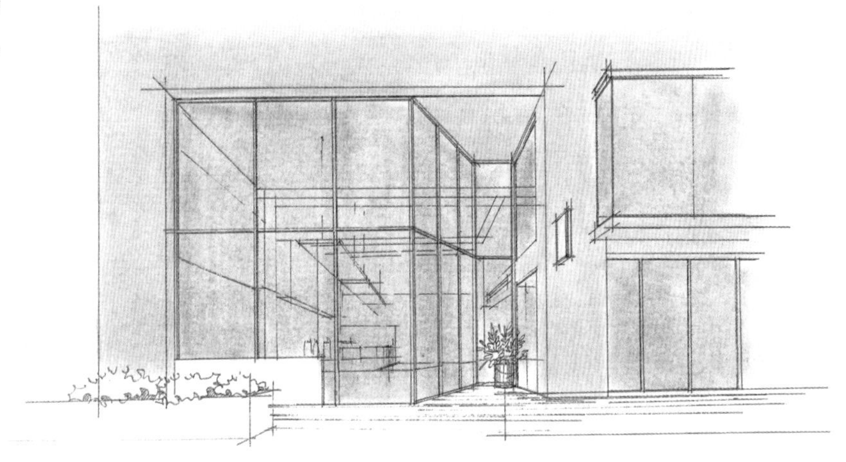

04 用蓝色 B242 号马克笔绘制玻璃的暗面与投影。

❶ 室内空间结构要逐步深入刻画
❷ 建筑暗面用暖灰色 WG468 号马克笔绘制
❸ 建筑底部用蓝灰色 BG86 号马克笔绘制
❹ 玻璃上的阴影用蓝灰色 BG87 号马克笔绘制

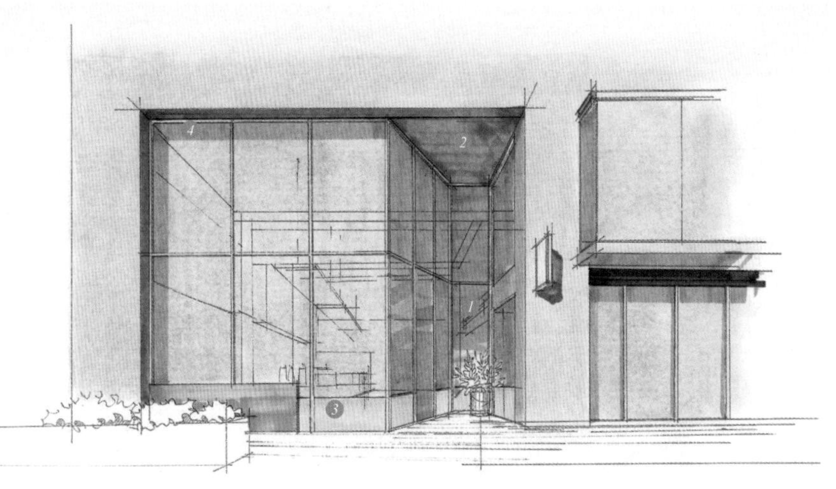

05 用炭灰色 TG254 号马克笔绘制室内空间结构。注意室内空间结构的深浅变化。

❺ 用炭灰色 TG254 号马克笔绘制室内空间结构，但不能画得过于清晰，能看清即可
❻ 用蓝灰色 BG87 号马克笔绘制玻璃上的反光效果
❼ 用橡皮擦擦掉蓝色色粉，表现出墙上的光线效果
❽ 室内墙体用棕色 E247 号马克笔绘制
❾ 室内的物体用棕色 E247、E180、E166，冷灰色 CG273 号马克笔绘制
❿ 用绿色 G58、蓝绿色 107 号马克笔绘制玻璃上的反光

⓫ 用黄绿色 YG26、绿色 G58 号马克笔绘制植物
⓬ 用中灰色 NG279 号马克笔绘制浅色地面
⓭ 用冷灰色 CG270、CG271 号马克笔绘制玻璃里面的物体
⓮ 用冷灰色 CG271、CG273 号马克笔绘制玻璃里面的结构

06 刻画整体细节。注意，用马克笔表现室内空间结构细节时不能覆盖玻璃的固有色。

4.2 石材表现技法

4.2.1 文化石

天然文化石质地坚硬、色彩鲜明、纹理丰富、风格各异，具有抗压、耐磨、耐火、耐寒、耐腐蚀、吸水率低等优点。人造文化石是用水泥、沙子、颜料等材料经过专业加工精制而成。

案例

01 用铅笔起稿，画出文化石的结构及周边的水景、植物。

02 先用铅笔画出景墙线稿，再在铅笔线稿的基础上，用 0.05 毫米的针管笔勾画景墙的墨线稿。确定墙面上的细节，并画出景墙周围的植物。

03 先用砖红色色粉笔画出墙面底色，再用黄绿色 YG23、YG26，绿色 G60 号马克笔绘制灌木和草坪。

04 先用蓝绿色 BG95、蓝色 B242 号马克笔绘制水体，再用暖灰色 WG465 号马克笔绘制地面，要求画面完整、统一。

❶ 用蓝绿色 BG95 号马克笔绘制流动的水体
❷ 用蓝色 B242 号马克笔绘制流动水体的暗面
❸ 用暖灰色 WG465 号马克笔绘制此处的投影

05 用棕色 E246、E247、E169、E166 号马克笔绘制墙面上文化石的细节。

❹ 注意棕色、深棕色砖块的疏密变化
❺ 用蓝绿色 BG106 号马克笔绘制远处的乔木

❻ 用棕色 E169 号马克笔绘制墙体暗面
❼ 用蓝绿色 BG107、绿灰色 GG66 号马克笔绘制远处的乔木
❽ 用绿色 G52 号马克笔绘制灌木底部的深色部分
❾ 用冷灰色 CG273 号马克笔绘制石槽的暗面
❿ 用暖灰色 WG467 号马克笔绘制地面，再用白色马克笔画出地砖的高光

06 用与植物、水体、文化石、地面同色系的深色马克笔，刻画其结构细节，起到丰富画面的作用。

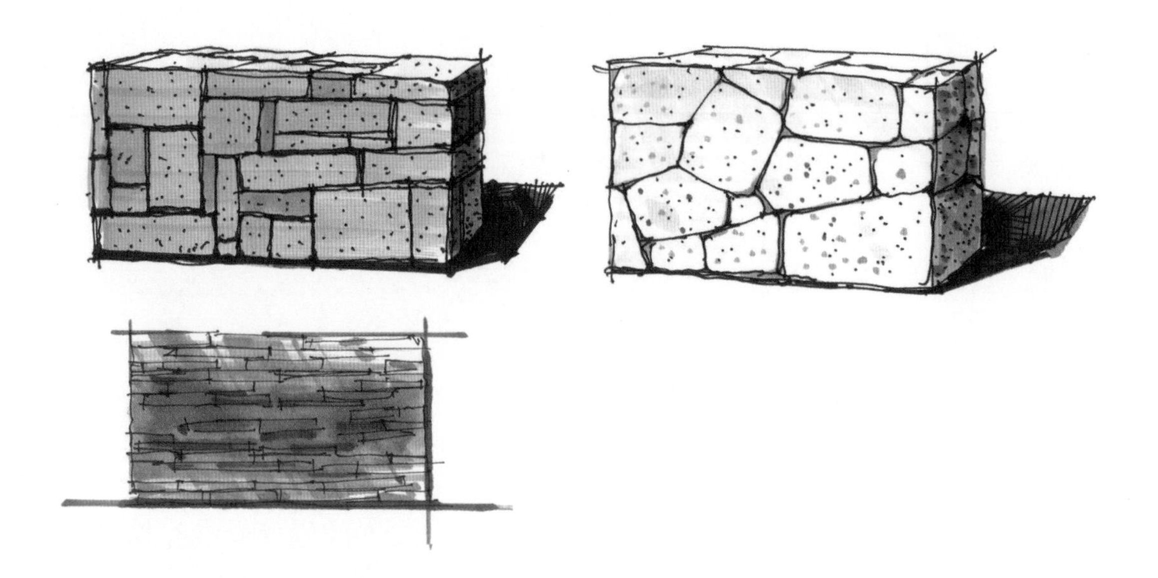

4.2.2 砖块墙体

用红砖块和混凝土砌筑而成的墙体具有较好的承重、保温、隔热、隔声、防火、耐久等性能，构建小别墅和多层房屋时大量采用此类墙体。砖块墙体可用作承重墙、外围护墙和建筑内部隔墙等，其应用范围较广。

案例

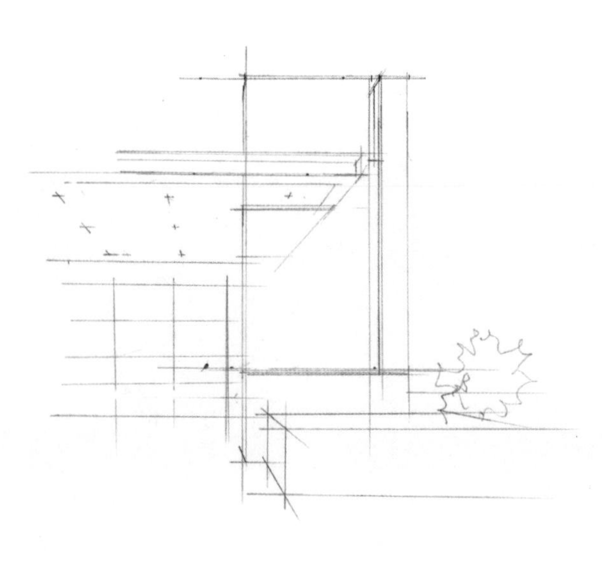

01 用铅笔起稿，要求建筑形体的透视关系、比例和画面构图基本正确。

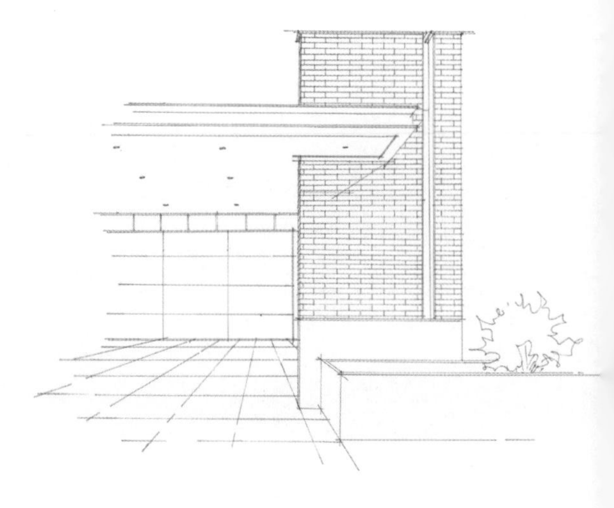

02 用 0.05 毫米的针管笔画出墙体墨线稿，墨线稿应精细地表现出砖块和植物的细节。

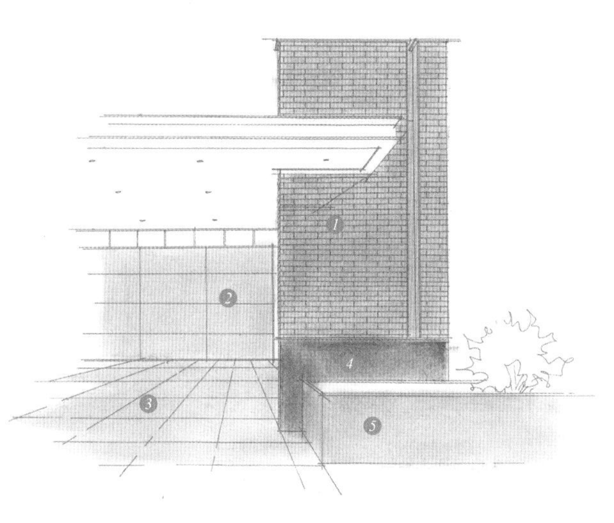

03 用砖红色色粉笔画出建筑主体墙面，整幅图的色调应与墙面颜色统一。墙面、地面用色粉笔平涂绘制。

1. 用砖红色色粉笔绘制墙体
2. 用暖灰色色粉笔绘制墙体
3. 用浅灰色色粉笔绘制地面
4. 用中深灰色色粉笔绘制墙基
5. 用浅灰色色粉笔绘制花坛

04 用暖灰色 WG468 号马克笔绘制建筑在地面上的投影。

6. 用蓝色 B240 号马克笔绘制玻璃
7. 地面上的投影是地面颜色的加深
8. 用中灰色 NG281 号马克笔绘制深色墙基

05 画出建筑中的金属、玻璃和植物。

9. 用冷灰色 CG272 号马克笔绘制屋檐的金属
10. 用蓝灰色 BG88 号马克笔绘制暗处的玻璃
11. 用黄绿色 YG16、YG27 号马克笔绘制灌木和草坪
12. 用暖灰色 WG469 号马克笔绘制屋檐的投影
13. 用暖灰色 WG466 号马克笔以平涂排笔绘制屋檐
14. 用暖灰色 WG465 号马克笔以平涂斜排笔绘制花坛上的光影效果

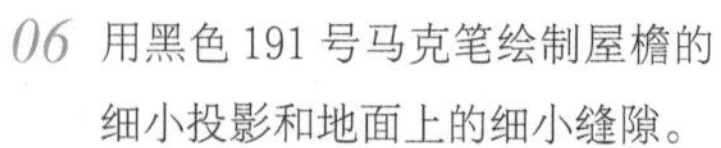

06 用黑色 191 号马克笔绘制屋檐的细小投影和地面上的细小缝隙。

⑮ 用黑色 191 号马克笔绘制屋檐的细小投影

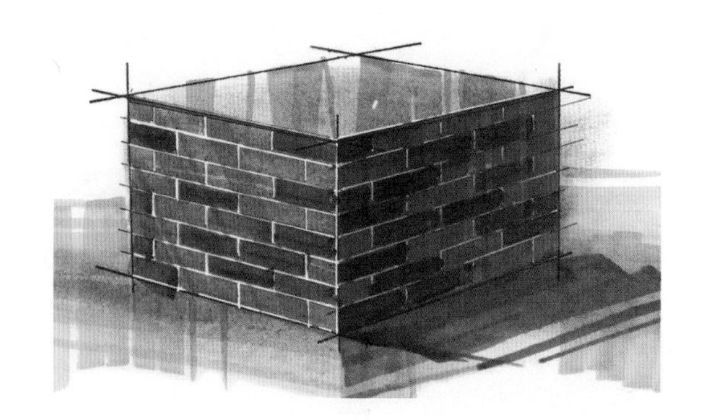

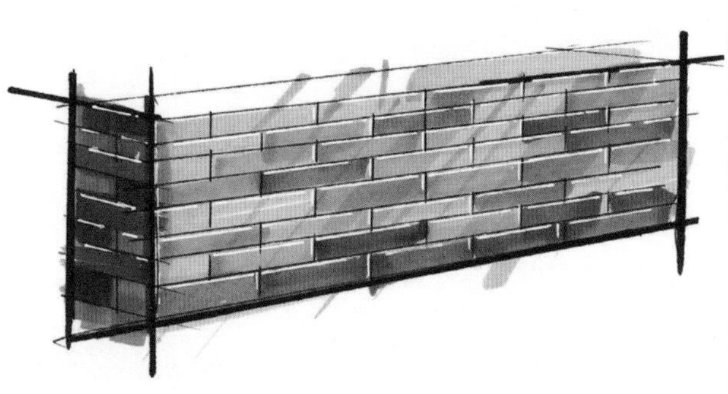

4.2.3 混凝土

混凝土因其坚固耐用、维护成本低和易于浇筑等特点，它已成为应用得最普遍的建筑材料之一，广受设计师的喜爱。

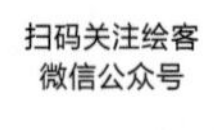

输入 56263 下载
并观看此处视频

01 用铅笔起稿，画出楼梯的基本结构，注意楼梯台阶的高度。

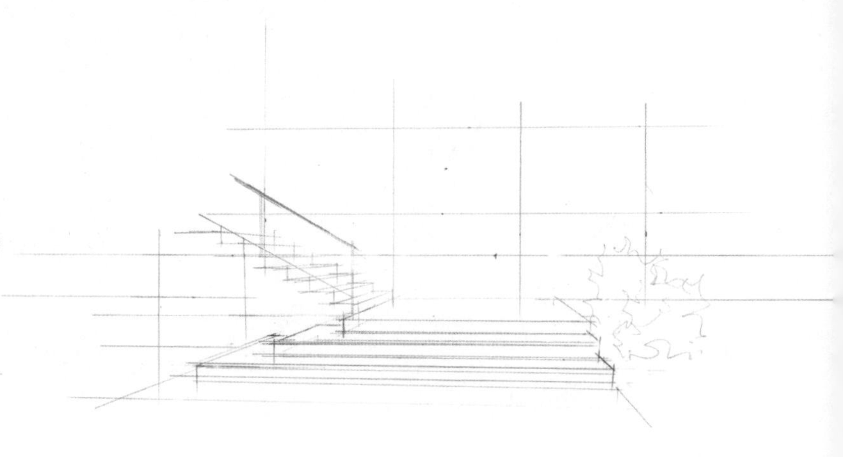

02 用 0.05 毫米的针管笔画出楼梯、墙面、植物的墨线稿，楼梯透视关系、比例要正确。

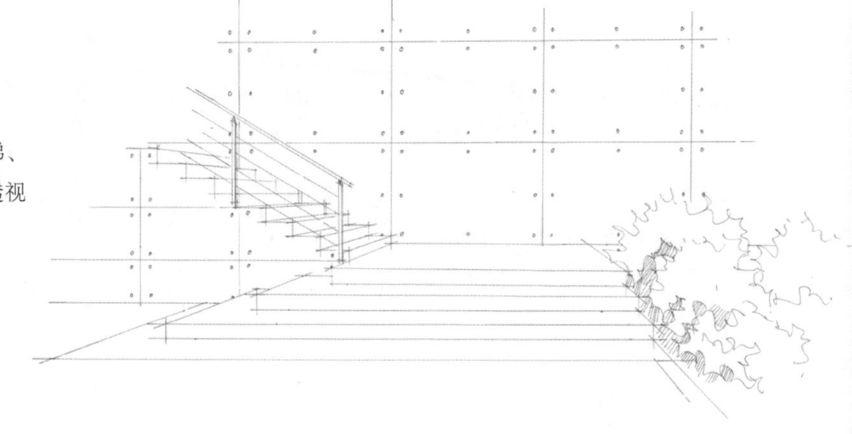

03 用暖灰色色粉笔画出混凝土的基本色调。注意楼梯与墙面的色彩要有所不同，台阶为中灰色，墙面为浅灰色。

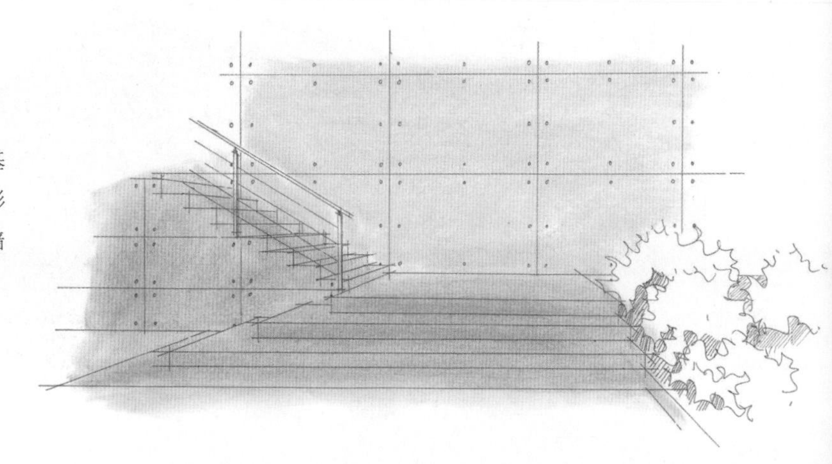

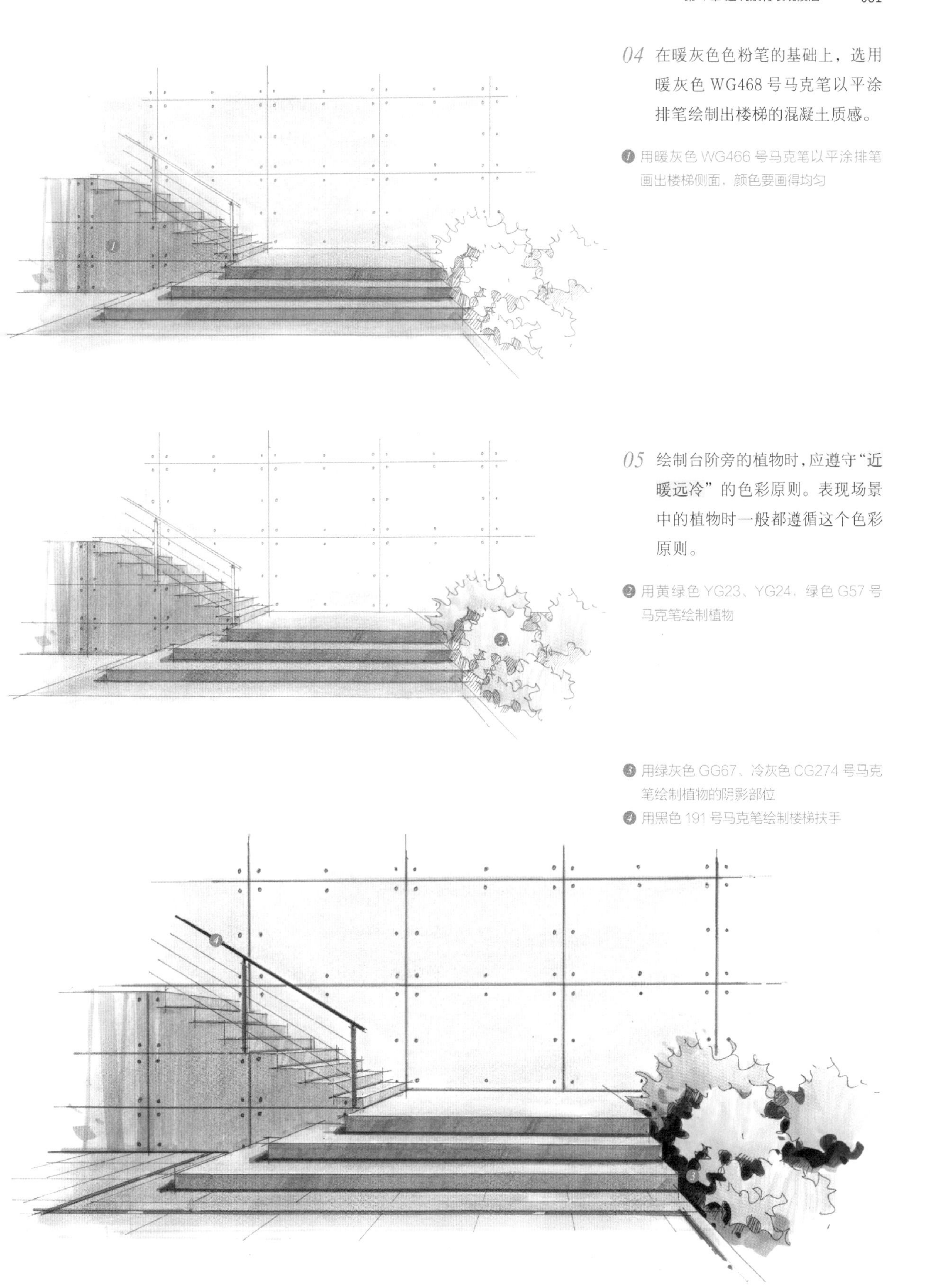

04 在暖灰色色粉笔的基础上，选用暖灰色 WG468 号马克笔以平涂排笔绘制出楼梯的混凝土质感。

❶ 用暖灰色 WG466 号马克笔以平涂排笔画出楼梯侧面，颜色要画得均匀

05 绘制台阶旁的植物时，应遵守“近暖远冷”的色彩原则。表现场景中的植物时一般都遵循这个色彩原则。

❷ 用黄绿色 YG23、YG24，绿色 G57 号马克笔绘制植物

❸ 用绿灰色 GG67、冷灰色 CG274 号马克笔绘制植物的阴影部位

❹ 用黑色 191 号马克笔绘制楼梯扶手

06 用炭灰色 TG257 号马克笔绘制楼梯、地面、墙面的结构线，这样画面就更有层次感了。同时也丰富了混凝土楼梯的细节。

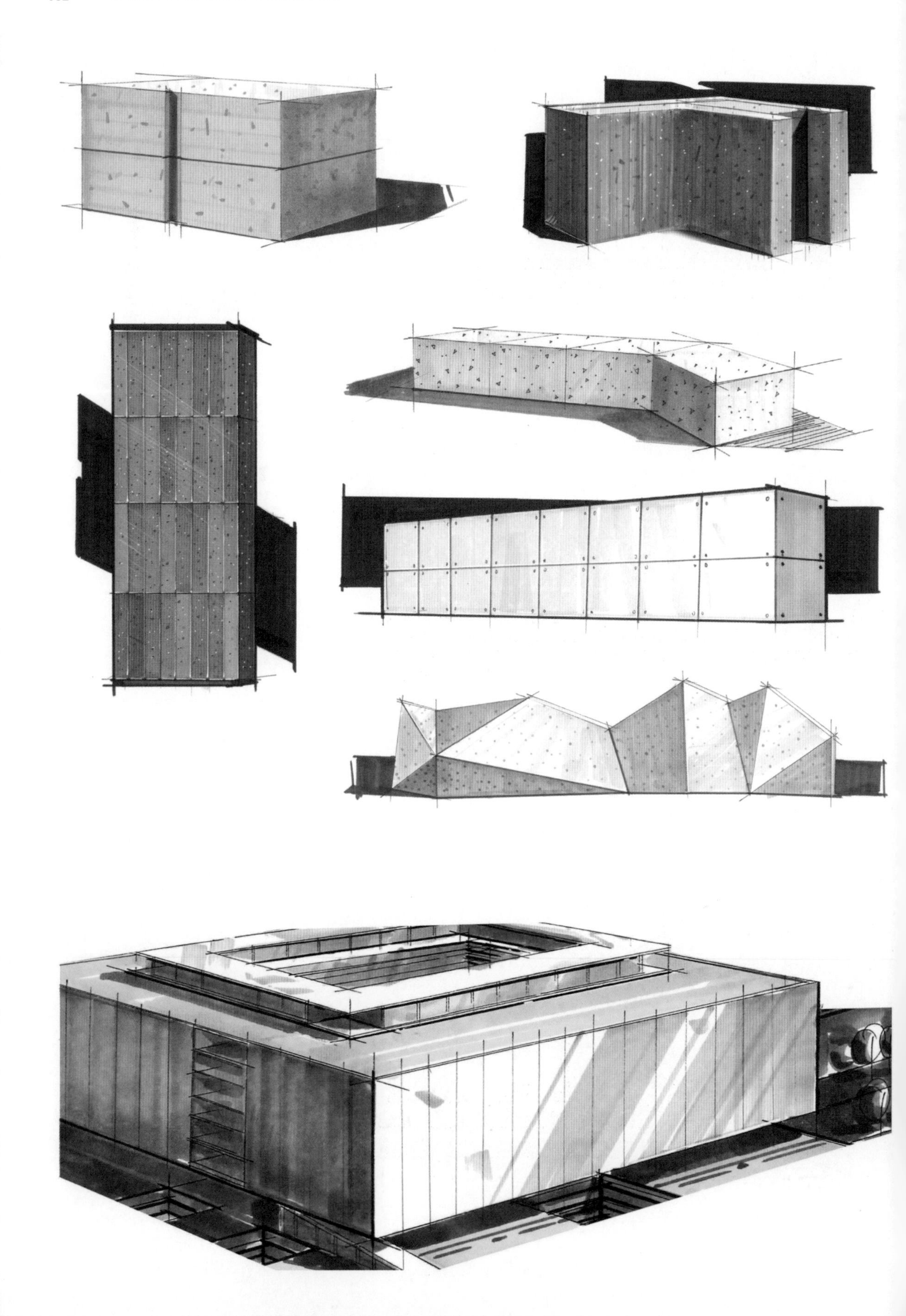

4.2.4 大理石

画大理石时，主要表现大理石的纹理，通常先用色粉笔画出基本色调，然后用马克笔、彩色铅笔、铅笔、白色马克笔刻画出细小的纹理。

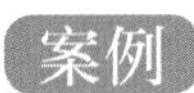

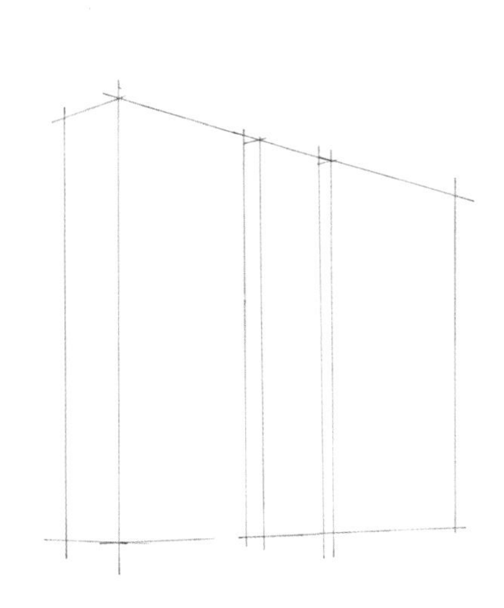

01 用铅笔起稿，画出大理石的基本结构，重点表现透视关系。

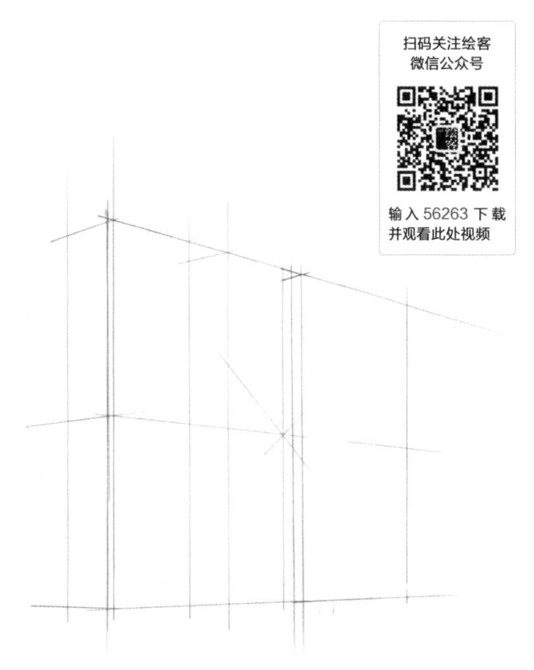

02 用 0.05 毫米的针管笔画出大理石的墨线稿，重点是结构正确。

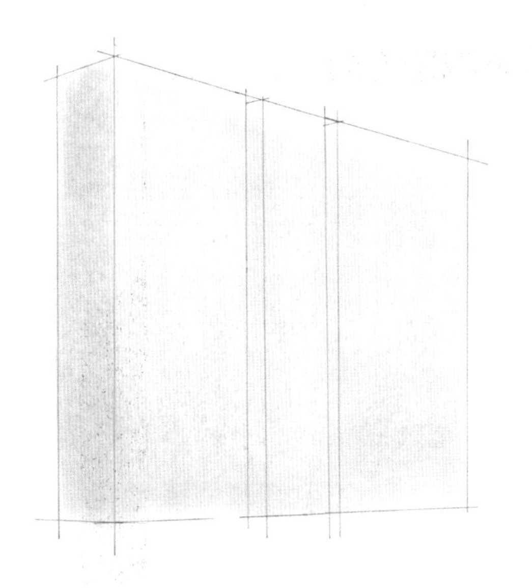

03 用浅灰色色粉笔画出大理石的基本色调，注意亮面与暗面的对比。

04 用暖灰色 WG467 号马克笔绘制大理石暗面，用暖灰色 WG466 号马克笔绘制大理石纹理，注意纹理的粗细变化。

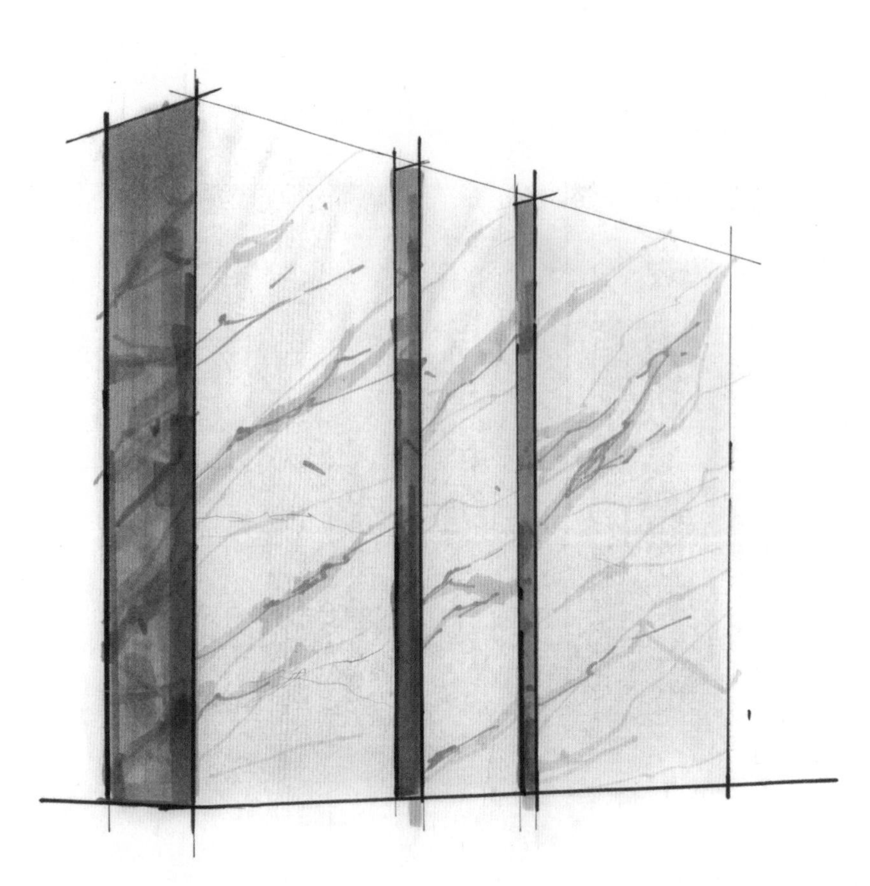

05 用暖灰色 WG468 号马克笔、铅笔绘制大理石纹理，注意纹理的粗细变化。用黑色 191 号马克笔刻画形体的轮廓线。

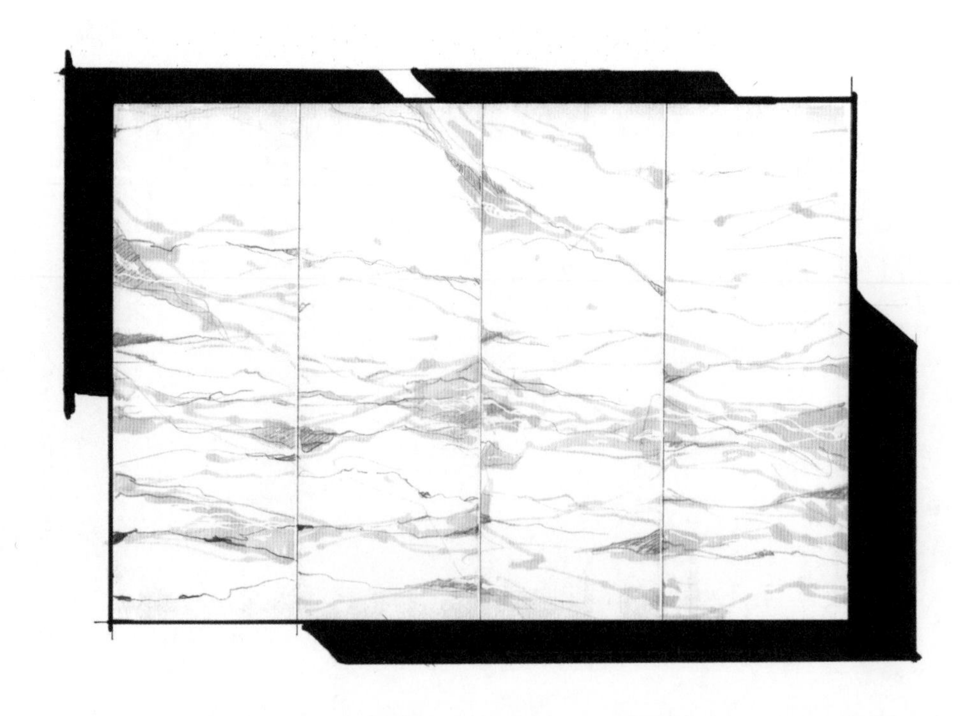

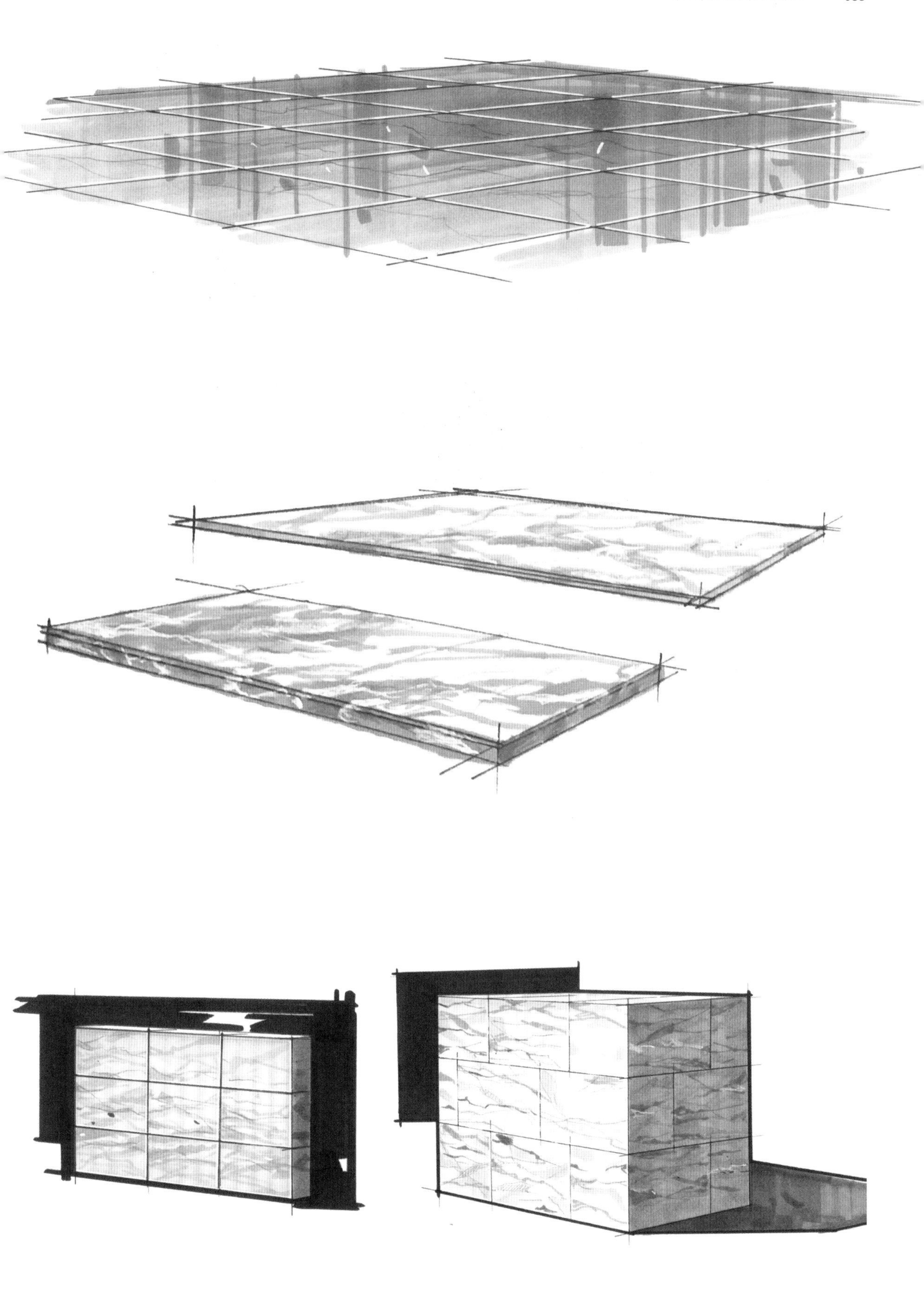

扫码关注绘客
微信公众号

输入 56263 下载
并观看此处视频

4.3 地面表现技法

建筑效果图中，地面主要起陪衬建筑主体的作用，因此地面的透视关系要与建筑的透视关系统一，地面颜色要与建筑主体颜色协调。

扫码关注绘客微信公众号

输入 56263 下载并观看此处视频

4.3.1 现浇地面

案例1

01 用 0.05 毫米的针管笔画出地面的墨线稿，重点表现出地面的透视关系，包括视平线、比例、结构等。

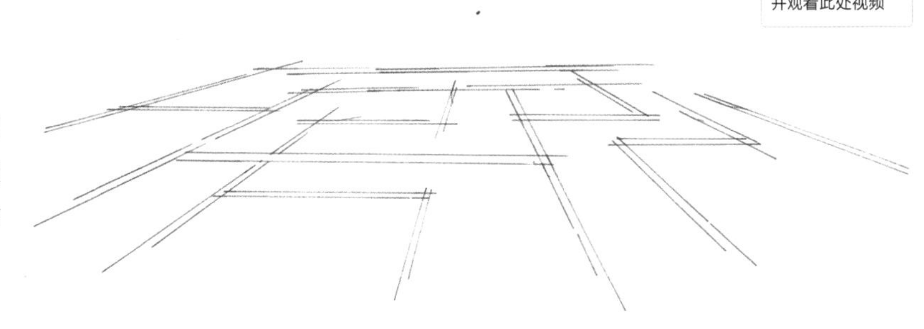

02 用中灰色 NG278 号马克笔以平涂排笔绘制地面。

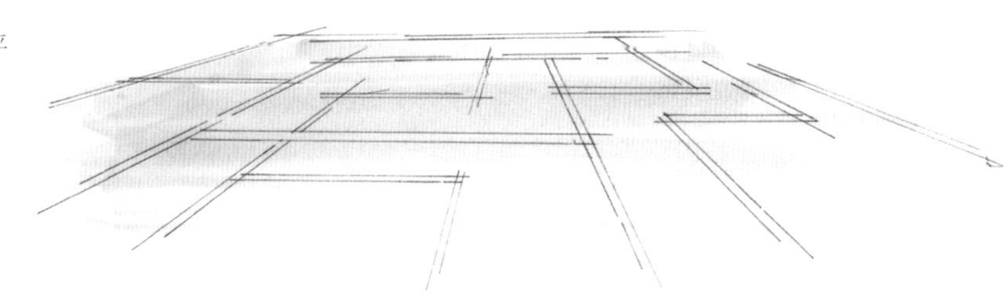

03 用冷灰色 CG272 号马克笔再为地面叠加一层颜色，使地面颜色更符合实际。

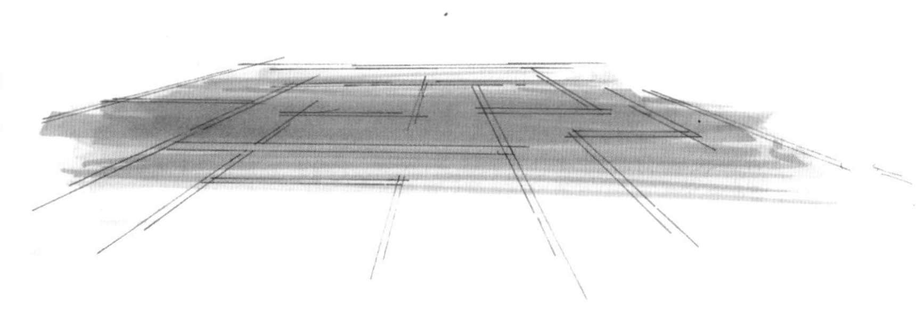

04 用黑色 191 号马克笔绘制地面的拼花图案，再用白色马克笔画出地面的高光。

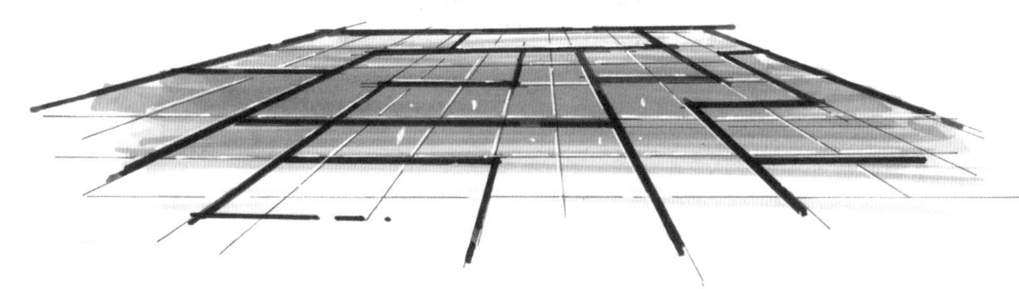

4.3.2 花岗岩地面

案例2

01 用0.05毫米的针管笔勾画墨线稿，刻画出地面形状、草坪和台阶结构，注意透视关系、比例要正确。

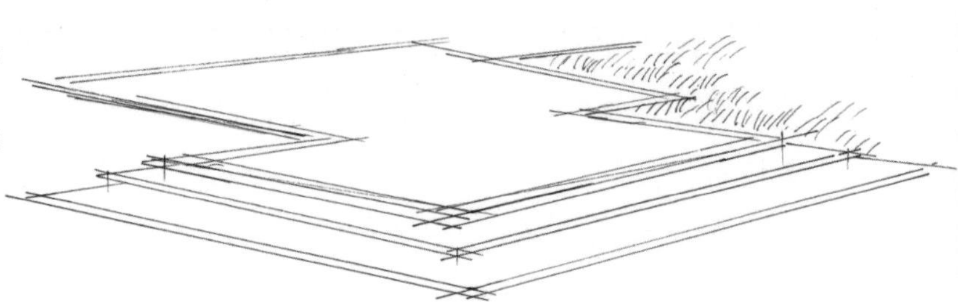

02 用蓝灰色BG85号马克笔以平涂排笔绘制地面。

❶ 注意运笔的力度大小、速度快慢，以及角度是否与线稿一致

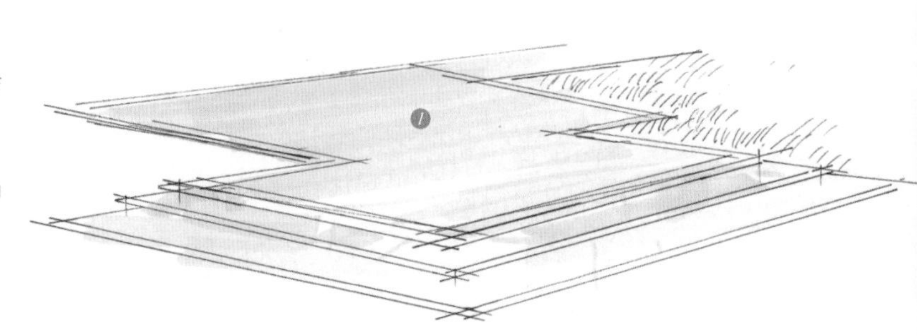

03 用蓝灰色BG87号马克笔加深地面颜色，画出台阶的明暗关系。用绿色G56号马克笔绘制草坪。

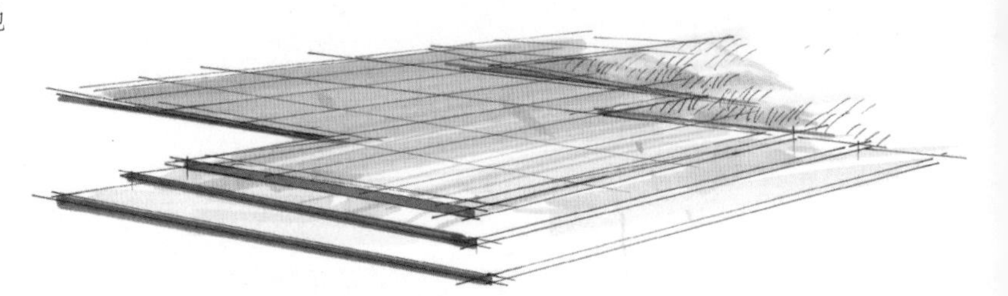

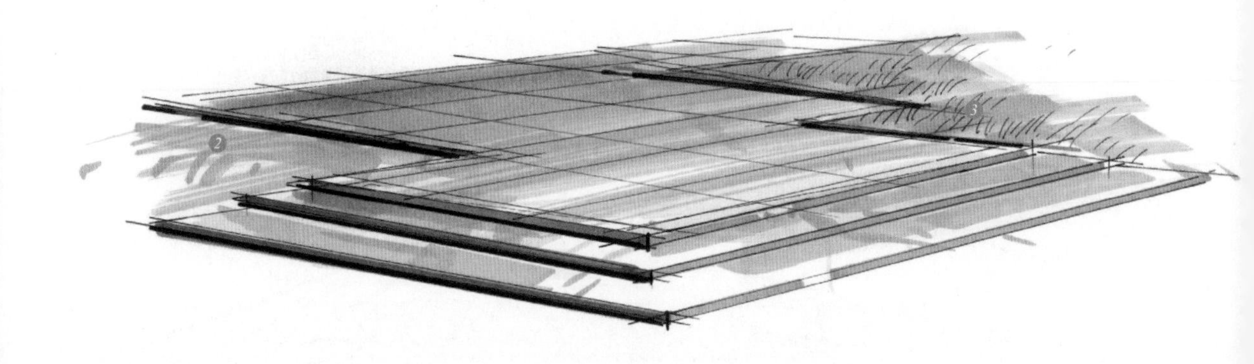

04 用冷灰色CG272号马克笔绘制台阶细节和远处的地面，起到丰富画面的作用。

❷ 用绿色G56号马克笔绘制草坪

❸ 用绿色G60号马克笔绘制草坪，使草坪层次丰富

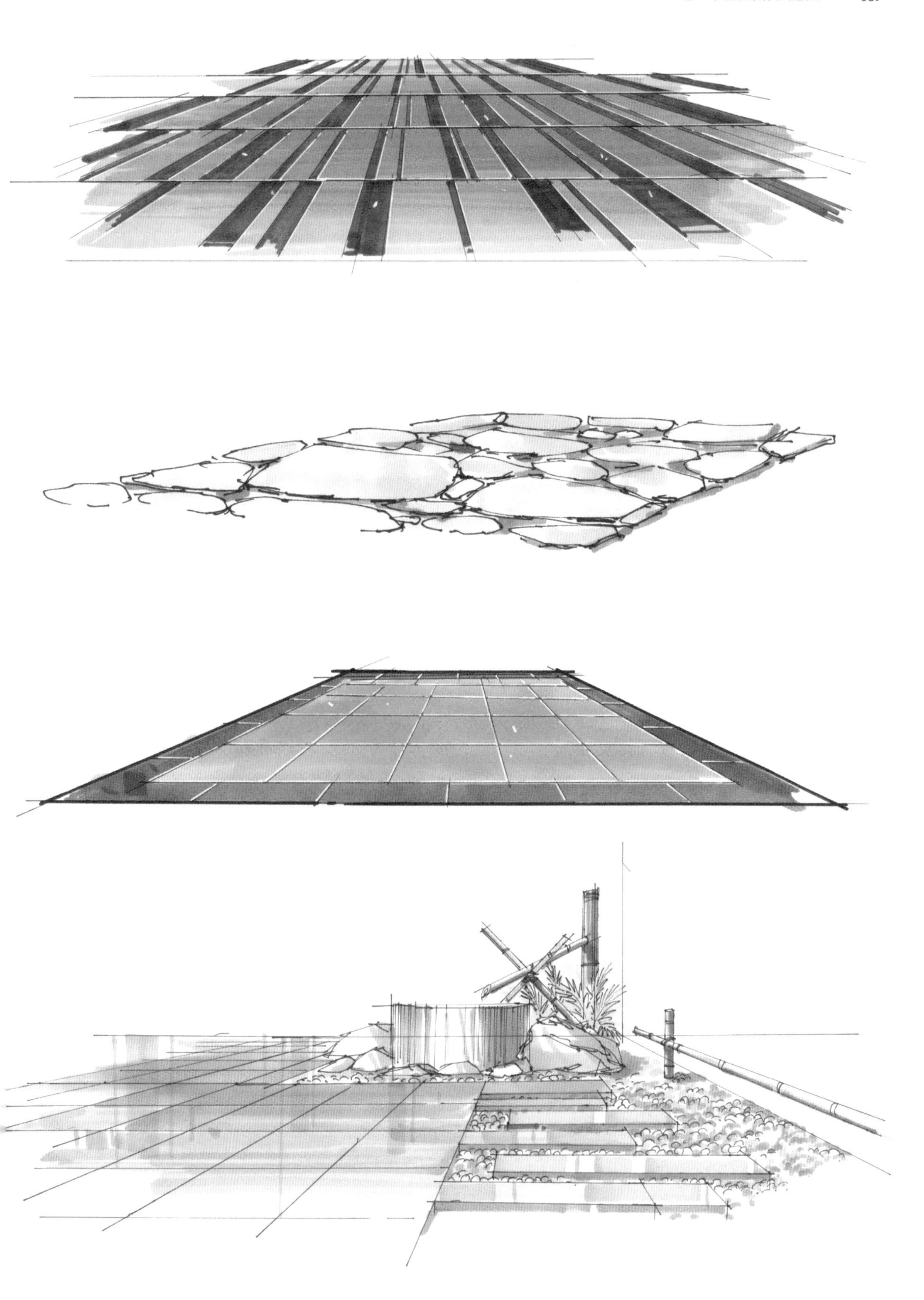

CHAPTER FIVE

建筑局部表现技法

5.1 建筑入口表现技法

5.1.1 入口门表现

案例1

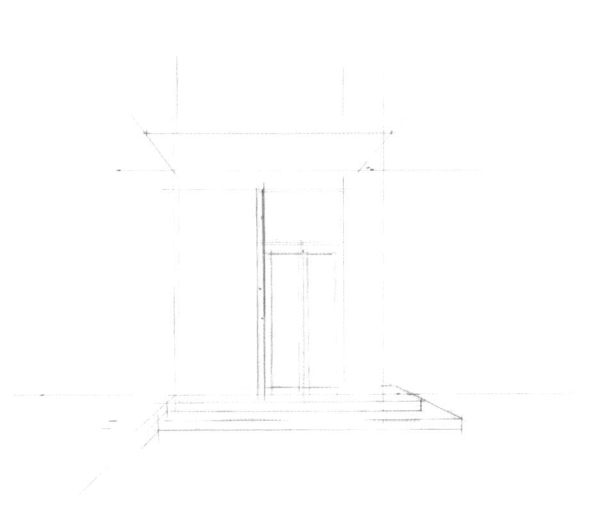

01 用铅笔起稿，要求建筑入口处大门的透视关系、比例基本正确。

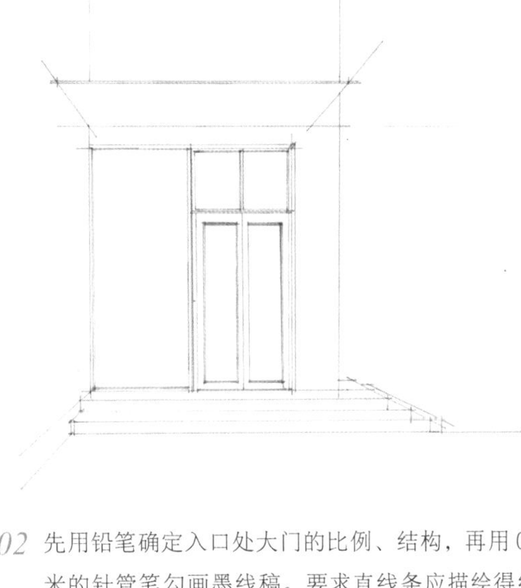

02 先用铅笔确定入口处大门的比例、结构，再用 0.05 毫米的针管笔勾画墨线稿。要求直线条应描绘得纤细、精准。

03 用浅蓝色、暖灰色色粉笔画出入口处大门的底色。

❶ 注意，色粉要涂抹均匀

❷ 此处用少量浅灰色色粉涂抹

04 用蓝色 B235 号马克笔以平涂斜排笔绘制玻璃上的光影效果。

❸ 画光影时，斜线的角度要一致，可以用直尺帮助刻画

❹ 用暖灰色 WG467 号马克笔绘制台阶立面，地面用暖灰色 WG465 号马克笔绘制

05 画出雨棚的投影位置和室内结构，再刻画入口处大门的结构细节。

❺ 玻璃里面楼梯的结构、透视关系、比例要准确，下笔要轻，不要画得太清晰

❻ 用暖灰色 WG466 号马克笔绘制雨棚，墙面的投影用暖灰色 WG468 号马克笔绘制

❼ ❽ 投影效果用蓝灰色 BG88 号马克笔绘制

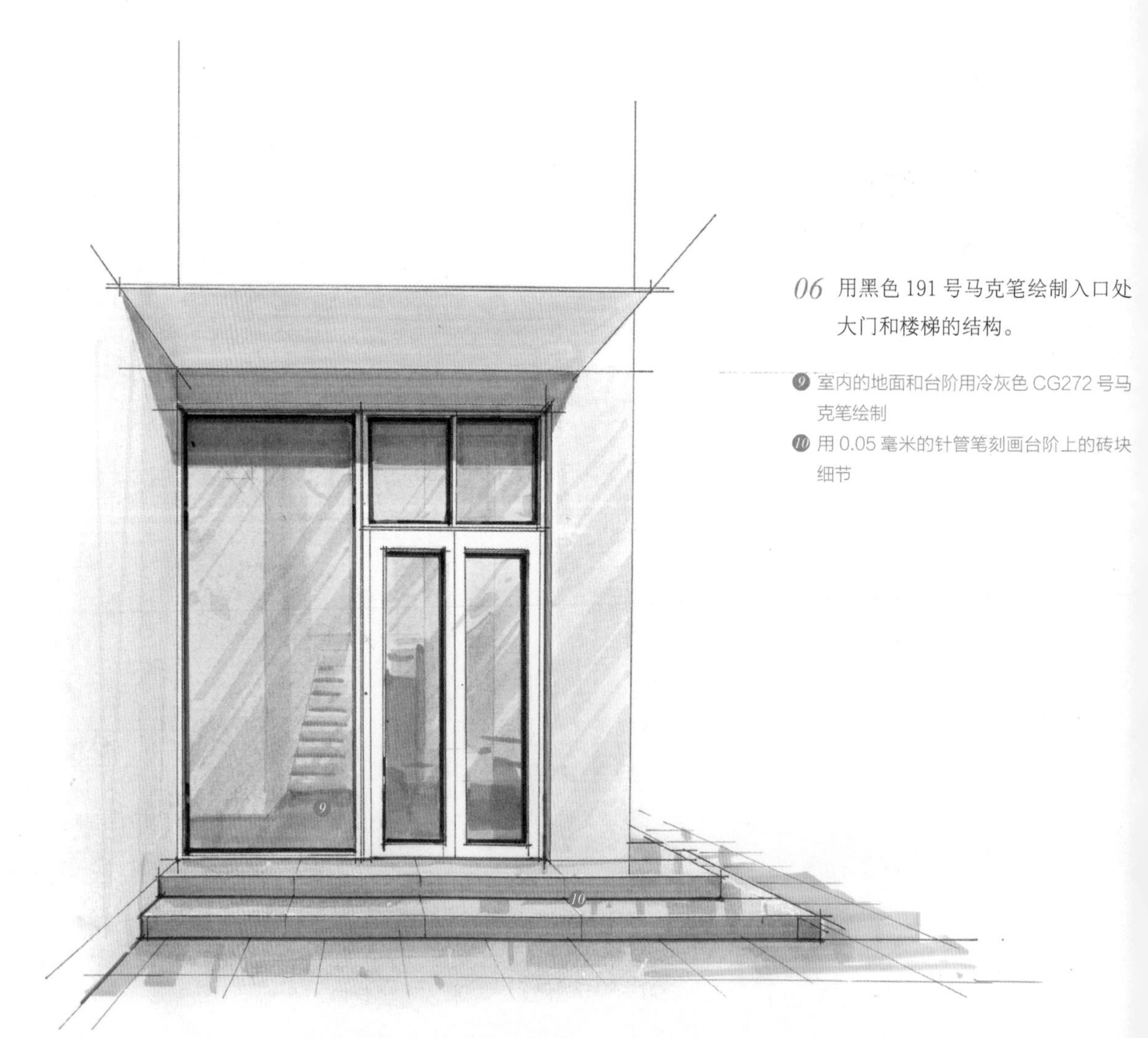

06 用黑色 191 号马克笔绘制入口处大门和楼梯的结构。

❾ 室内的地面和台阶用冷灰色 CG272 号马克笔绘制

❿ 用 0.05 毫米的针管笔刻画台阶上的砖块细节

案例2

01 用铅笔画出建筑入口的线稿，要求建筑的结构、比例、透视关系基本准确。

02 用 0.05 毫米的针管笔画出墨线稿，并刻画出建筑外墙表面的砖块结构。

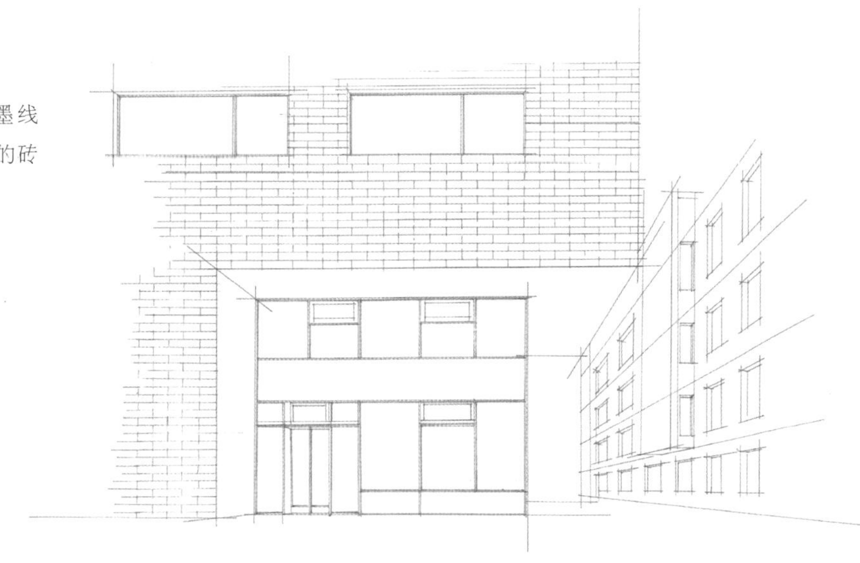

03 用砖红色、浅蓝色、深棕色色粉笔填满墙面和玻璃，色粉要涂抹均匀，注意不要把色粉画到线稿外面去。

❶ 画出长短不一的墙面边缘，表现延续的效果

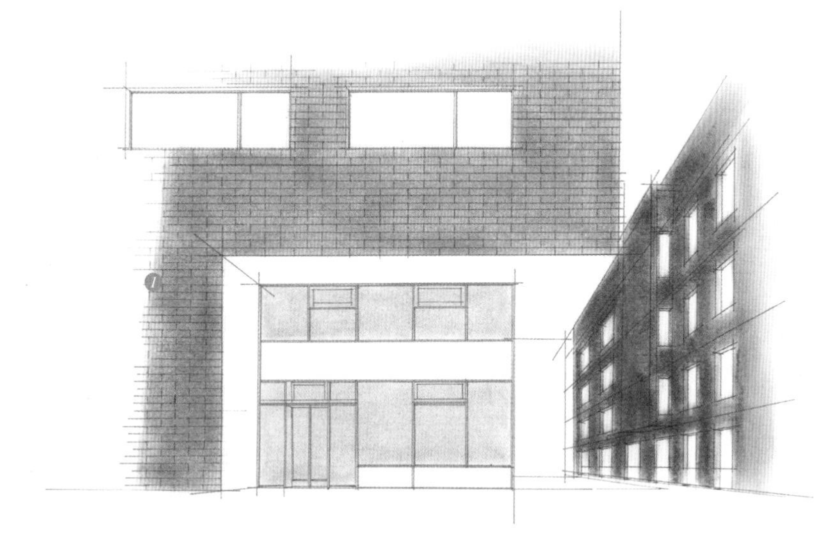

04 用冷灰色 CG274 号马克笔绘制玻璃窗和玻璃门的结构，较窄的窗框要刻画得“纤细”些，不能画得过于“粗壮”。

❷ 用暖灰色 WG466 号马克笔绘制墙面
❸ 用冷灰色 CG270 号马克笔绘制墙面
❹ 用暖灰色 WG465、WG466 号马克笔绘制地面
❺ 用色粉笔绘制玻璃

05 用蓝绿色 BG95 和蓝色 B238 号马克笔以平涂斜排笔绘制玻璃上的光线效果。绘制建筑暗面时，笔触要编排有序。右侧的建筑墙面用棕色 E166 号马克笔绘制。

❻ 用蓝绿色 BG95 号马克笔绘制光影效果
❼ 深色地方用蓝色 B238 号马克笔绘制光影效果
❽ 右侧建筑的玻璃用蓝灰色 BG88、BG89 号马克笔绘制
❾ 马克笔笔触应编排有序，不能乱，这样看起来会更美观

06 用暖灰色 WG469 号马克笔表现建筑体块的前后空间关系，使空间层次感更鲜明。

❿ 玻璃上反射出的周围建筑的轮廓用蓝灰色 BG89、冷灰色 CG273、蓝紫色 BV194 号马克笔绘制
⓫ 用暖灰色 WG469、WG470 号马克笔表现墙面的空间关系
⓬ 此处为迎光面，用橡皮擦擦掉部分色粉，使墙面亮起来
⓭ 用蓝灰色 BG89 号马克笔绘制墙体在玻璃上的投影

5.1.2 入口雨棚表现

案例1

01 用铅笔起稿，确定建筑入口的基本结构。

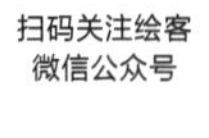

02 用 0.05 毫米的针管笔绘制建筑入口的墨线稿，线条要精确，画面要“干净”。

03 用浅灰色色粉笔画出建筑墙体的底色，用浅蓝色色粉笔画出玻璃的底色。注意色粉要涂抹均匀。

04 用冷灰色 CG271 号马克笔绘制建筑墙体，用棕色 E171 号马克笔绘制屋檐。要求笔触排列有序，不要过多地显露出马克笔笔触。

❶ 用绿灰色 GG65 号马克笔绘制花坛立面

05 先画出门、窗的结构，再画出阴影。屋檐投射到墙上的投影用暖灰色 WG468 号马克笔绘制，屋檐投射到玻璃上的投影用蓝灰色 BG89 号马克笔绘制。

❷ 用冷灰色 CG268 号马克笔绘制雨棚

❸ 用冷灰色 CG270 号马克笔绘制门，用冷灰色 CG274 号马克笔绘制门上的投影

❹ 用冷灰色 CG271 号马克笔绘制墙体暗面，用蓝灰色 BG89 号马克笔画出玻璃上的投影

❺ 用冷灰色 CG269 号马克笔绘制地面，台阶的深色用冷灰色 CG271 号马克笔绘制

❻ 用黄绿色 YG26 号马克笔绘制花坛上的植物

06 丰富画面细节，细致刻画植物的暗面以及室内的空间和物品。雨棚的投影用冷灰色 CG273 号马克笔绘制。玻璃用蓝灰色 BG85 号马克笔以平涂排笔绘制。

❼ 用绿色 G56 号马克笔绘制灌木

❽ 用冷灰色 CG269 号马克笔以平涂斜排笔绘制光影效果

❾ ❿ 用冷灰色 CG274、黑色 191 号马克笔绘制屋檐细节

⓫ 室内空间的透视关系、比例应符合建筑总体的透视规律

⓬ 用 0.05 毫米的针管笔画出地砖结构，注意透视关系要准确

案例2

01 用铅笔画出正确的建筑结构线稿。

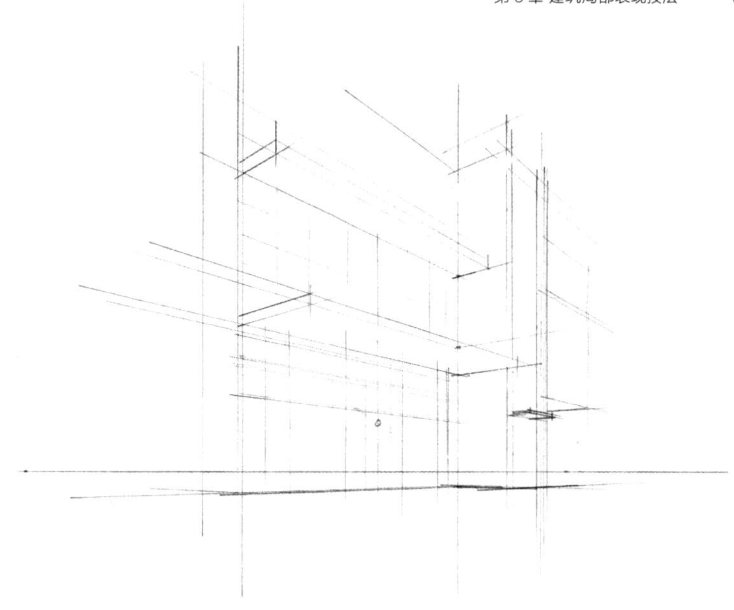

02 用 0.05 毫米的针管笔画出准确的墨线稿，要求线条精确。

03 用冷灰色 CG272、暖灰色 WG466 号马克笔绘制建筑入口结构，用蓝色 B235 号马克笔以平涂排笔绘制玻璃。未画完的玻璃可以在下一步中接着画完。

04 用冷灰色 CG274 号马克笔完善画面细节。

❶ 用冷灰色 CG274 号马克笔刻画楼板结构的细节

❷ 用蓝色 B235 号马克笔绘制玻璃

❸ ❹ 用冷灰色 CG274 号马克笔绘制窗框结构

05 先画出玻璃上的投影，再画出底层玻璃反光的效果。

❺ 用蓝绿色 BG233 号马克笔以平涂斜排笔绘制光影效果

❻ 用蓝灰色 BG88 号马克笔以平涂排笔绘制投影

❼ 用黑色 191 号马克笔画出雨棚的吊筋，注意要用直尺辅助刻画

❽ 用冷灰色 CG273 号马克笔绘制窗框

❾ 画出玻璃上反射的效果，包括植物、建筑等，色彩要丰富，采用概括的平涂排笔绘制

❿ 用暖灰色 WG466 号马克笔绘制围墙，用绿色 G58、G52 号马克笔绘制远处的植物

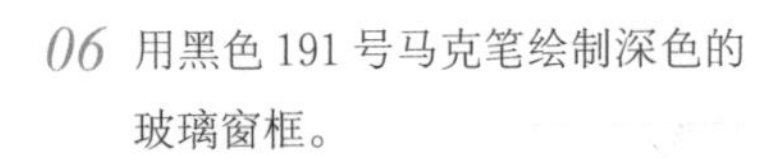

06 用黑色 191 号马克笔绘制深色的玻璃窗框。

⓫ 用黑色 191 号马克笔绘制窗框

⓬ 用蓝紫色 BV109 号马克笔绘制云朵，玻璃上也要画出一些反射的云朵，起到丰富画面的作用

⓭ 用冷灰色 CG270 号马克笔绘制地面

5.2 建筑内部表现技法

扫码关注绘客
微信公众号

输入 56263 下载
并观看此处视频

5.2.1 电梯厅

案例

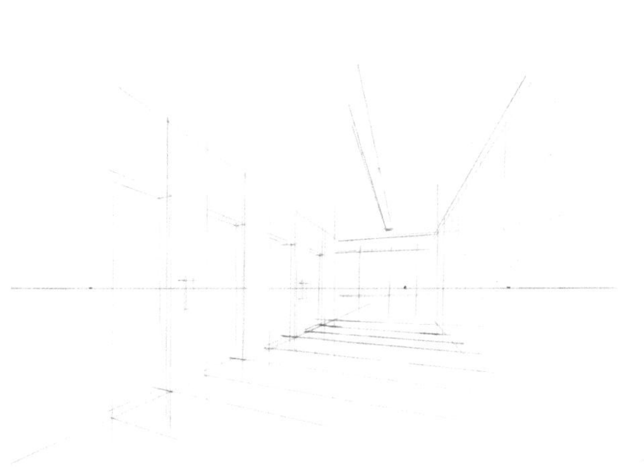

01 用铅笔起稿，确定电梯厅的基本比例、结构、透视关系。

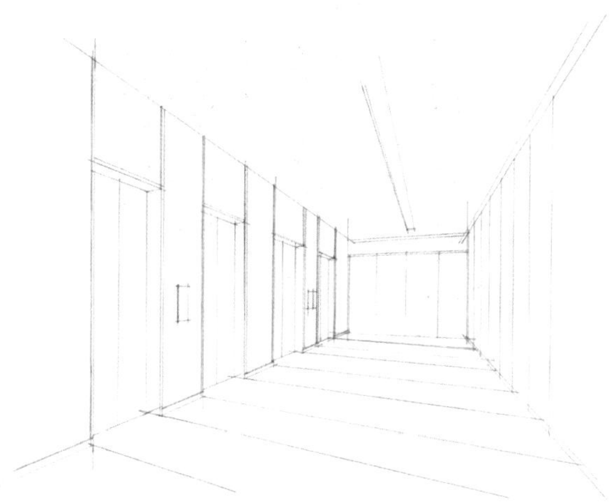

02 用 0.05 毫米的针管笔画出电梯厅的墨线稿，要求比例和透视关系正确。

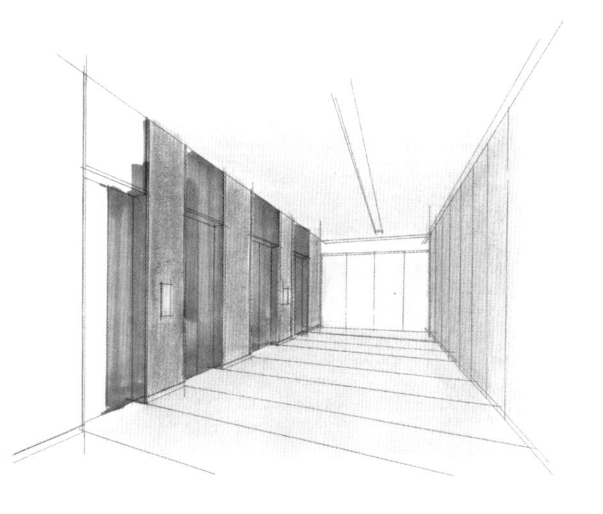

03 用砖红色、浅蓝色、浅灰色色粉笔画出空间的基本色，再用冷灰色 CG271 号马克笔绘制电梯。

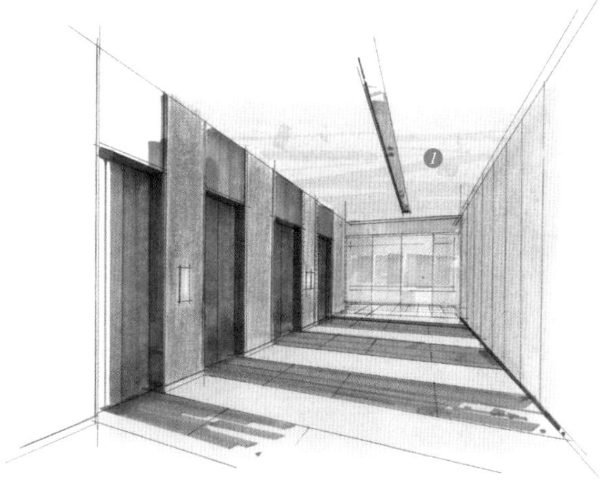

04 用暖灰色 WG467 号马克笔绘制地面上的深色地砖，用蓝绿色 BG95、BG233 号马克笔绘制门与远处的墙面。用暖灰色 WG467 号马克笔绘制天花板上的灯道，丰富画面色彩。

1 用暖灰色 WG464 号马克笔以平涂排笔绘制顶棚

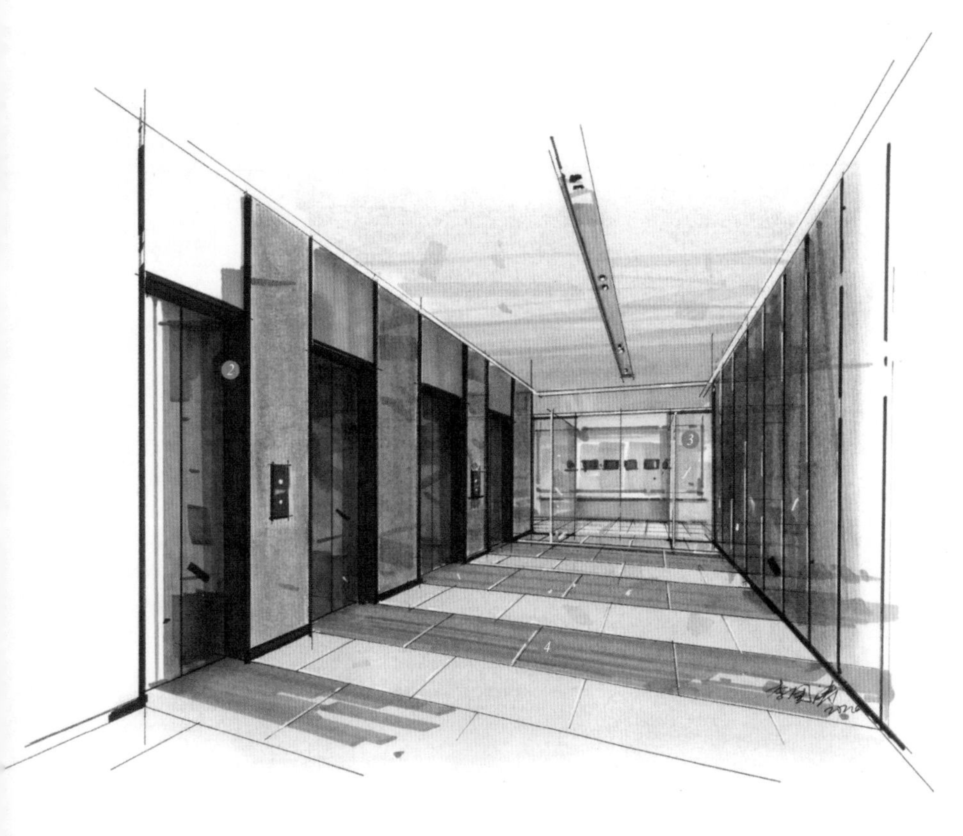

05 用冷灰色CG274、蓝灰色BG88号马克笔刻画楼梯按钮、电梯门以及门框的细节，金属门表面反光的效果也要画出来。地面和墙面上的缝隙用白色马克笔绘制，用绿灰色GG64、GG65号马克笔加深墙面的颜色。以上均用直尺辅助绘制。

❷ 用冷灰色CG274号马克笔绘制门框

❸ 用蓝色B240号马克笔以平涂排笔绘制玻璃门

❹ 用白色马克笔绘制地面的拼花图案

5.2.2 建筑大厅

案例

01 用铅笔起稿，先确定视平线和灭点，再确定建筑大厅的尺寸与位置。

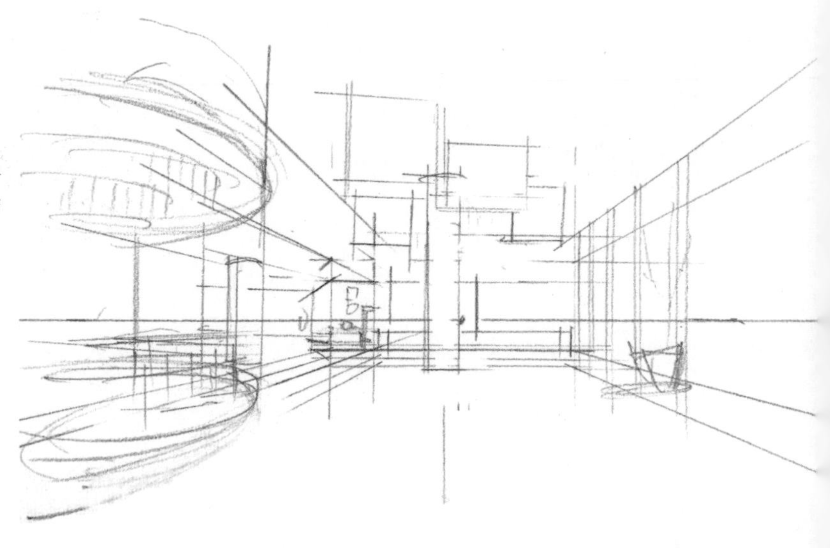

02 用 0.05 毫米的针管笔勾画出建筑大厅和远处植物的墨线稿，线条要明确。

03 用棕色 E173、E124 号马克笔以平涂排笔绘制出建筑大厅的主要色彩，用色彩的纯度、明度来区分建筑大厅的空间和明暗关系。

❶ 用中灰色 NG278 号马克笔绘制墙面
❷ 用中灰色 NG277 号马克笔绘制地面

04 刻画建筑大厅的内部结构，在原有色彩的基础上继续丰富颜色。

❸ 用黄色 Y1 号马克笔绘制吊灯
❹ 用冷灰色 CG273、CG274 号马克笔绘制墙面，注意颜色的位置
❺ 在原有的色彩基础上叠加土黄色色粉，使色彩表现更暖
❻ 地面也用土黄色色粉叠加一层
❼ 用冷灰色 CG274 号马克笔绘制墙面

⑧ 用暖灰色 WG464、WG465 号马克笔绘制顶棚

⑨ 用棕色 E165、E169 号马克笔绘制弧形墙面

⑩ 用蓝绿色 BG84、BG73 号马克笔绘制弧面玻璃，再用白色马克笔画出反光效果

⑪ 用暖灰色 WG466 号马克笔绘制地面，再用黑色 191 号马克笔和白色马克笔勾画地砖轮廓

⑫ 用蓝灰色 BG85、BG86、BG87 号马克笔绘制圆柱体柱子

⑬ 用黄绿色 YG21、绿灰色 GG66 号马克笔绘制窗外远处的乔木

05 用多种颜色的马克笔表现建筑大厅细节，用白色马克笔画出地面地砖的细节。

5.2.3 挑空中庭

案例

01 用铅笔起稿，要求建筑空间的透视关系、比例基本正确。

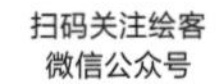

输入 56263 下载并观看此处视频

02 用0.05毫米的针管笔勾画墨线稿。先画出建筑楼层的结构，再刻画建筑窗框的细节，线条要流畅。

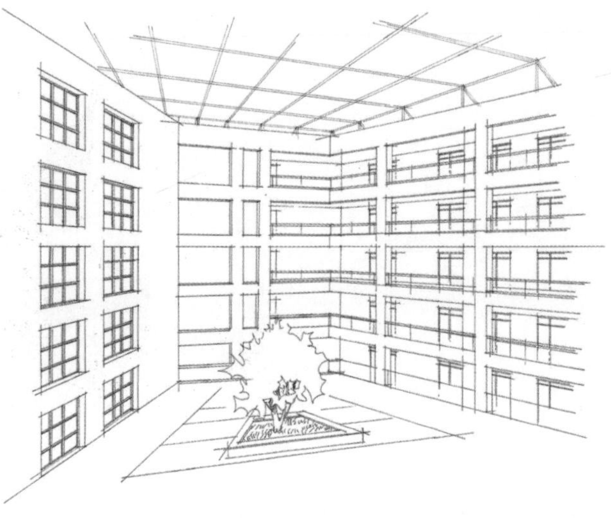

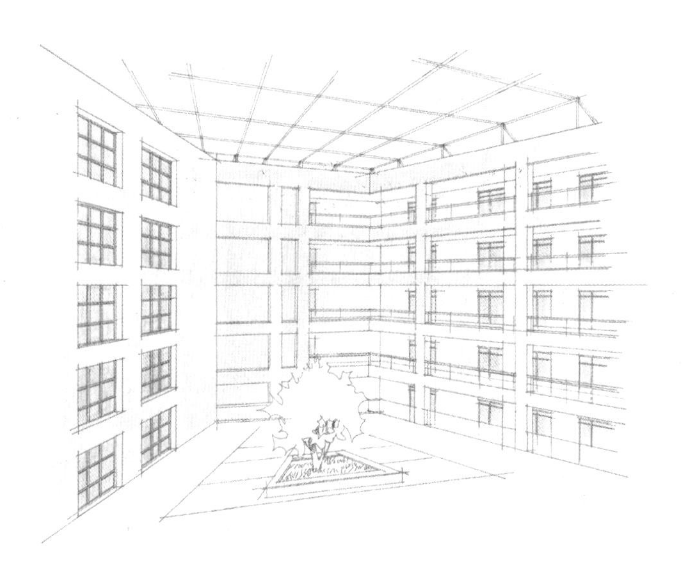

03 用浅灰色色粉笔画出建筑墙体，用浅蓝色色粉笔画出窗户玻璃。

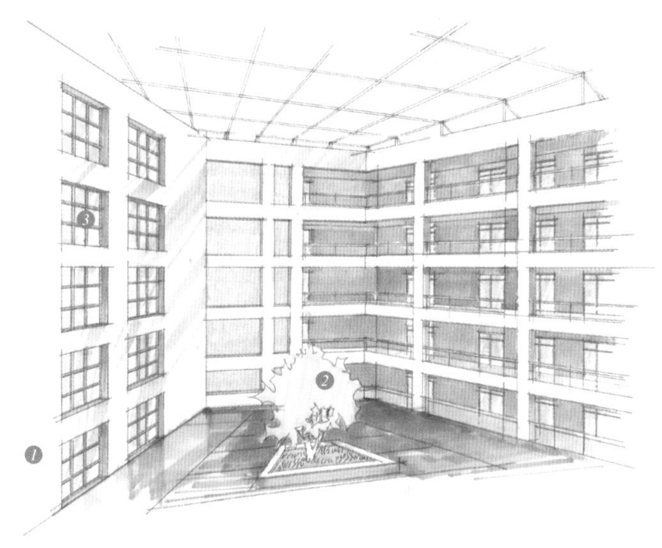

04 用暖灰色 WG465 号马克笔绘制建筑暗面，注意整体色调要统一。建筑亮面上画一些代表光影的线条。用炭灰色 TG254 号马克笔绘制地面。

❶ 为了画面统一，把多余的颜色擦掉
❷ 用黄绿色 YG23、YG24 号马克笔绘制植物
❸ 用蓝绿色 BG83 号马克笔绘制玻璃

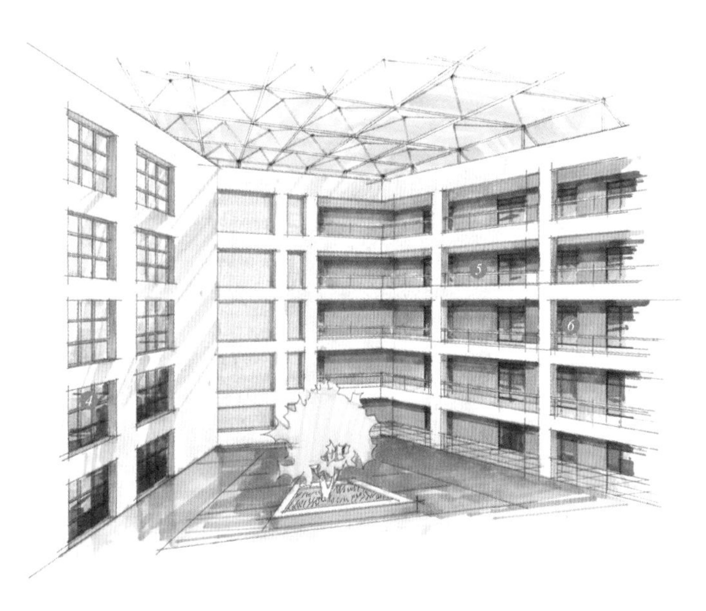

05 用蓝绿色 BG95 号马克笔绘制顶棚玻璃，用蓝绿色 BG233、BG84 号马克笔绘制墙面玻璃。注意画出玻璃上的反光部分，并且建筑顶面的玻璃颜色与建筑立面的玻璃颜色要有区别，不能用同一种颜色，完善整体细节。

❹ 用蓝绿色 BG84、BG106 号马克笔绘制玻璃
❺ 用暖灰色 WG468 号马克笔绘制建筑投影部分
❻ 用蓝绿色 BG106、绿色 G52 号马克笔绘制玻璃上的投影

06 用白色马克笔画出建筑栏杆细节，然后用黑色 191 号马克笔刻画地面和窗框细节，用蓝绿色 BG84、黑色 191 号马克笔刻画建筑顶面结构。用黄绿色 YG30 号马克笔绘制乔木暗面，用炭灰色 TG255、TG256 号马克笔绘制花坛的细节，乔木的投影用炭灰色 TG257、TG258 号马克笔绘制。

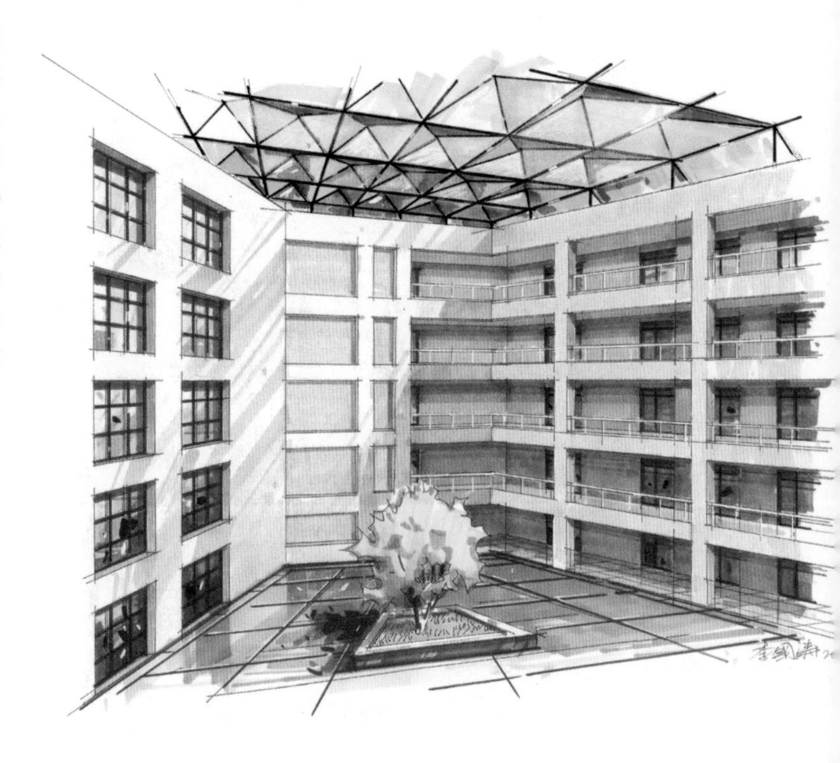

5.3 建筑窗口表现技法

5.3.1 规则式窗口

案例

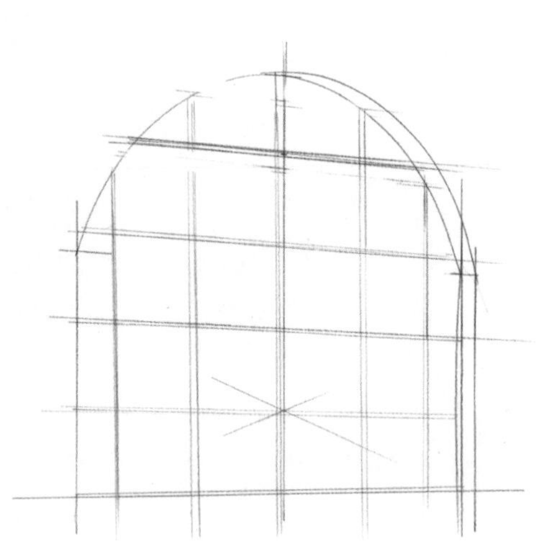

01 用铅笔起稿，要求建筑窗口和窗框细节的透视关系、比例基本正确。

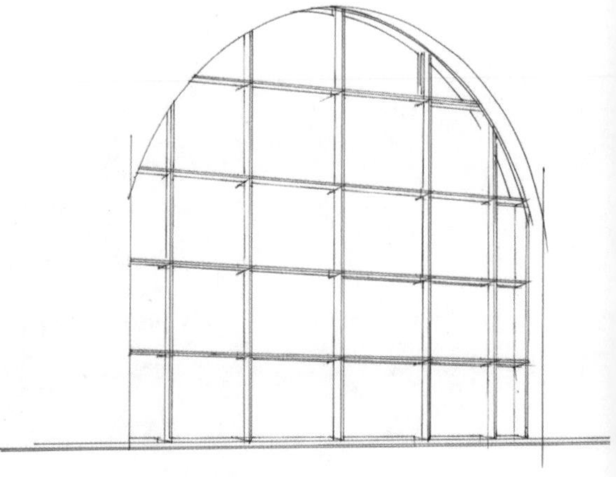

02 用 0.05 毫米的针管笔勾画墨线稿，画出建筑窗口与玻璃的结构，注意线条要流畅。

03 用蓝色 B235 号马克笔以平涂斜排笔绘制玻璃上的光线效果，再用蓝灰色 BG87 号马克笔绘制玻璃上的反光效果。

04 用棕色 E165 号马克笔绘制窗框，注意保留窗框的亮面。

05 用黑色 191 号马克笔画出窗框与玻璃衔接的位置，再用浅灰色色粉笔绘制墙体。

5.3.2 非规则式窗口

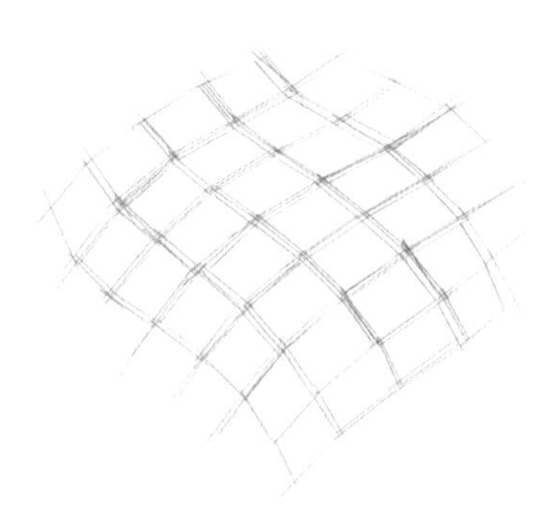

01 用铅笔起稿，要求建筑窗口和窗框细节的结构基本正确。

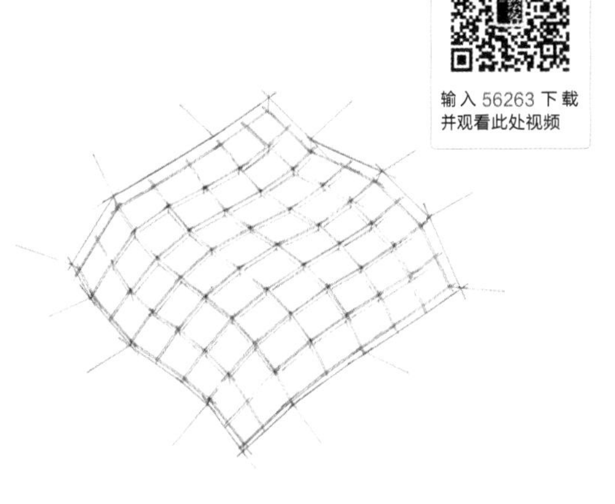

02 用 0.05 毫米的针管笔画出非规则式窗口与玻璃的墨线稿，线条要流畅。

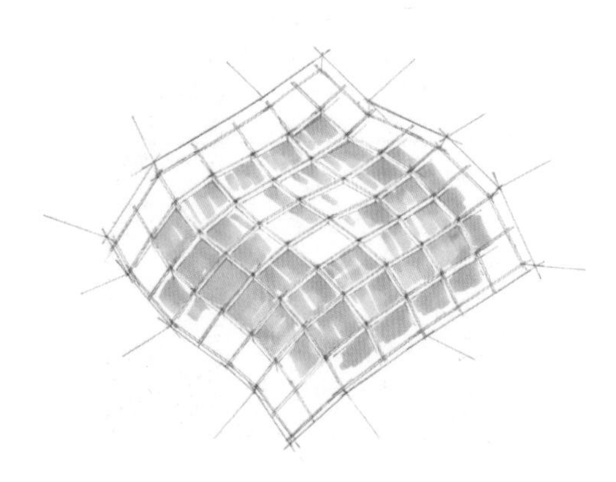

03 用蓝绿色BG233号马克笔以随形运笔的方式绘制玻璃，注意马克笔的颜色不要画到线稿外。

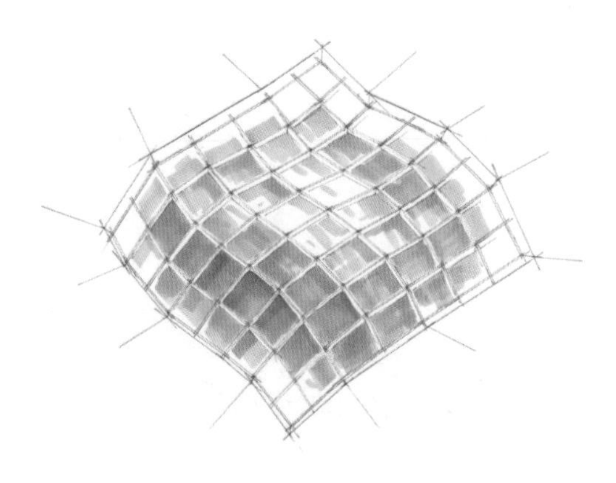

04 用蓝绿色BG233、BG84号马克笔绘制玻璃上的深色反光，马克笔的颜色不要画到线稿外，同时注意玻璃窗的明暗变化。

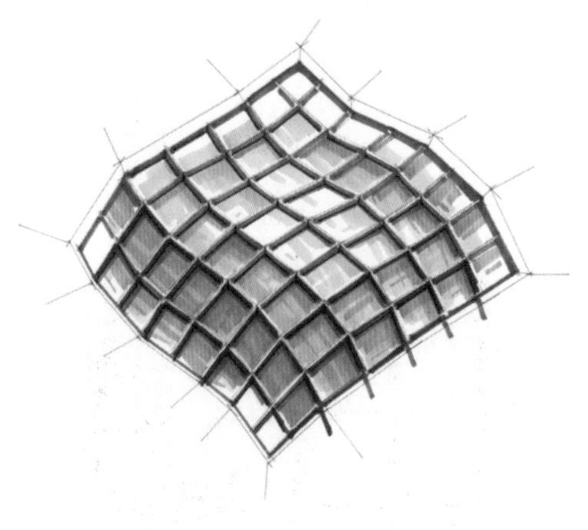

05 用炭灰色TG255、TG256号马克笔绘制玻璃窗框，注意玻璃窗框的明暗变化。

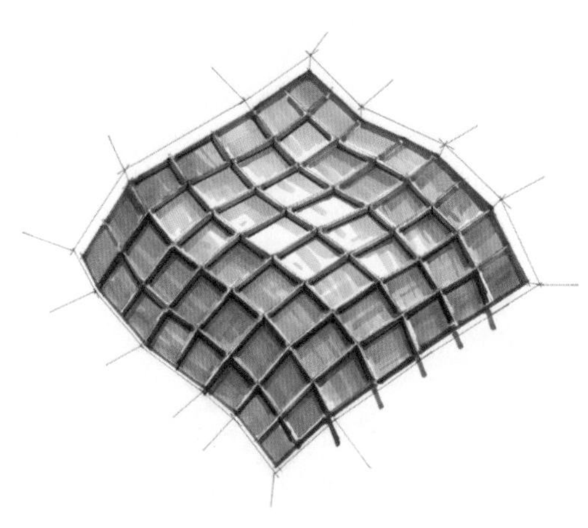

06 用蓝绿色BG106号马克笔补充玻璃的暗部颜色，用黑色191号马克笔画出玻璃与玻璃框衔接的位置。

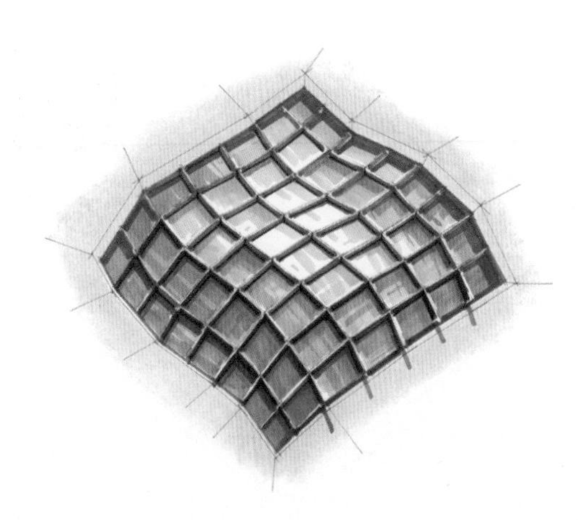

07 用浅灰色色粉笔涂抹建筑窗口，要涂抹均匀。

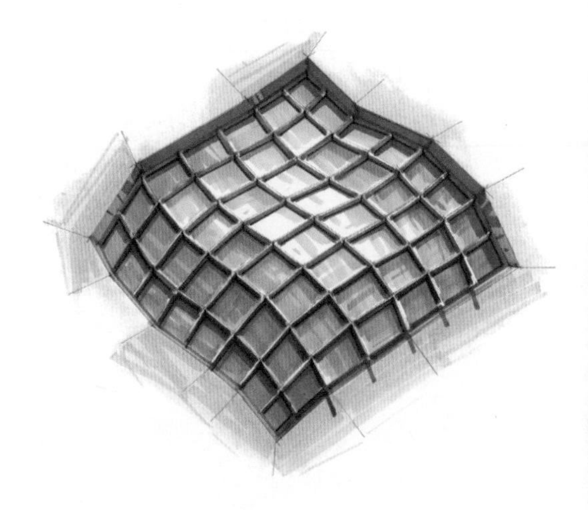

08 在浅灰色色粉笔的基础上，用暖灰色WG466、WG467、WG468号马克笔绘制窗口墙体，注意区分出迎光面与背光面。

5.4 建筑楼梯和台阶表现技法

扫码关注绘客
微信公众号

输入 56263 下载
并观看此处视频

5.4.1 金属楼梯

案例

01 用铅笔起稿，确定楼梯的空间位置与结构。

02 用冷灰色 CG272 号马克笔直接绘制楼梯的框架，要求楼梯透视关系、结构和比例准确。用蓝绿色 BG95 号马克笔绘制楼梯的玻璃扶手。用棕色 E168 号马克笔绘制木质楼梯。

❶ 先画楼梯的金属框架，再画楼梯的木质踏板，最后画楼梯的玻璃扶手

❷ 楼梯后面的墙面用炭灰色 TG253 号马克笔绘制

❸ 用中灰色 NG280 号马克笔绘制远处的墙面

❹ 用中灰色 NG277 号马克笔绘制墙面

❺ 用冷灰色 CG271 号马克笔绘制楼梯的暗面

03 用冷灰色 CG272 号马克笔刻画楼梯踏板的细节，用黑色 191 号马克笔绘制金属楼梯的扶手。

04 用白色马克笔画出楼梯扶手与玻璃的高光，丰富并完善楼梯的细节。

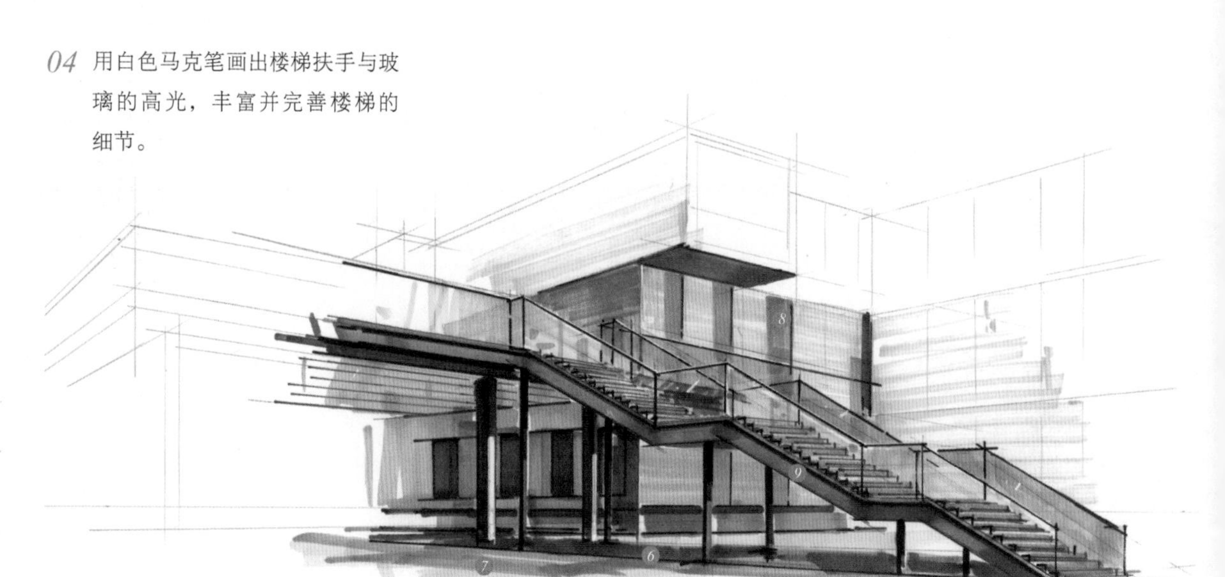

6 用黄绿色 YG30、TG37 号马克笔绘制楼梯下的草地

7 用蓝灰色 BG87 号马克笔绘制地面

8 用蓝灰色 BG88 号马克笔绘制窗户

9 用冷灰色 CG272 号马克笔绘制楼梯下面的条纹

5.4.2 广场台阶

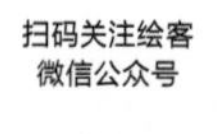

案例1

01 用铅笔起稿，画出台阶的基本结构并确定周边植物的位置。

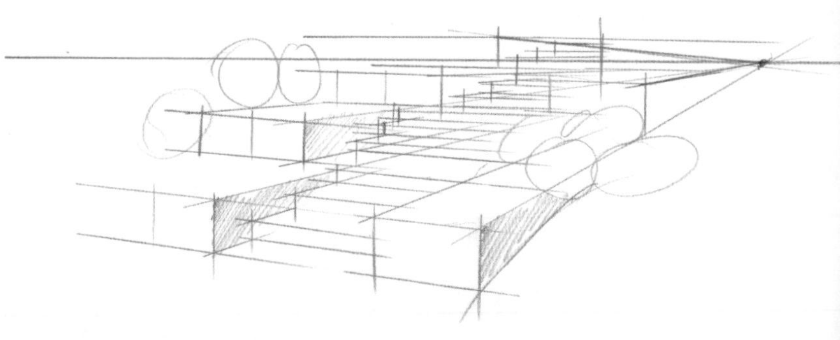

02 用 0.05 毫米的针管笔画出台阶和植物的墨线稿。

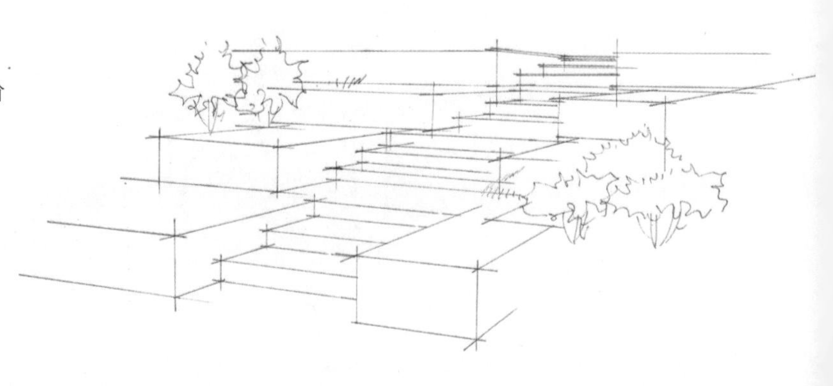

03 在墨线稿的基础上，用暖灰色 WG464、WG465 号马克笔绘制台阶，注意表现出台阶的明暗关系。再用棕色 E246 号马克笔笔尖点染些小色点，起到丰富画面效果的作用。

❶ 台阶的体块基本是长方体

04 用绿色 G56、G57，蓝绿色 BG62 和紫色 V206 号马克笔绘制不同的植物，同样遵循“近暖远冷”的色彩原则。

05 用暖灰色 WG466、WG469 号马克笔绘制台阶的暗面与投影。用绿色 G52、G61 号马克笔绘制植物的暗面与投影，注意笔触的排列。

❷ 用暖灰色 WG466 号马克笔绘制台阶暗面
❸ 用绿色 G61 号马克笔绘制灌木的投影

06 刻画台阶石材的细节。

❹ 用 0.05 毫米的针管笔画出台阶的拼花
❺ 用绿色 G61 号马克笔绘制草坪上的纹理，起到增加草坪质感的作用
❻ 用 0.05 毫米的针管笔绘制草地的肌理
❼ 用绿色 G57 号马克笔绘制草坪

案例2

01 用铅笔起稿，画出台阶、扶手的基本结构并确定周边植物的位置。

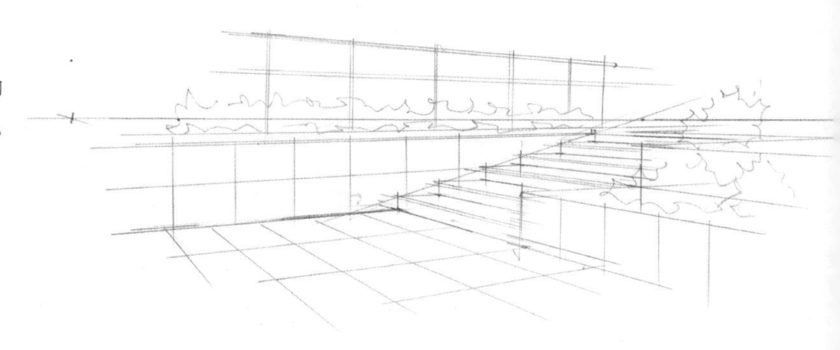

02 用0.05毫米的针管笔画出台阶和植物的墨线稿，并且详细刻画植物形态。

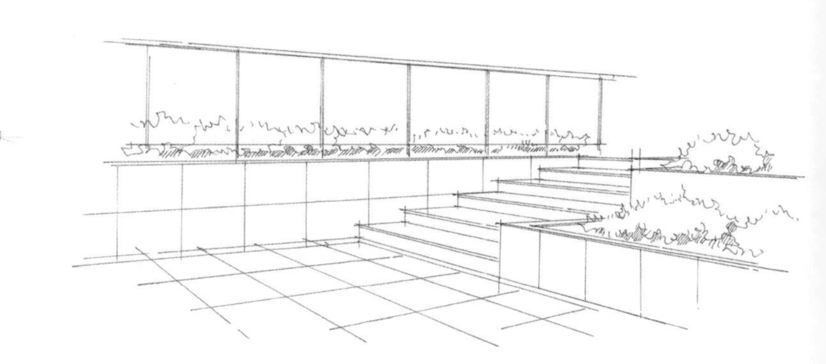

03 用暖灰色色粉笔画出台阶，浅蓝色色粉笔画出玻璃，浅绿色色粉笔画出植物，中灰色色粉笔画出墙体。用暖灰色WG466号马克笔绘制楼梯暗面。

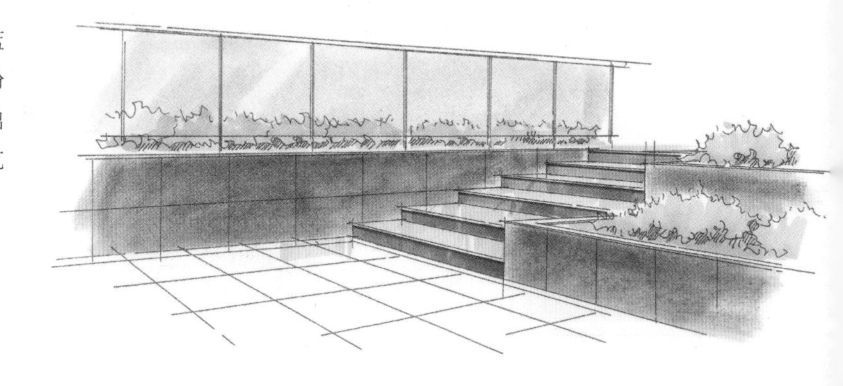

04 在色粉笔的基础上，用炭灰色TG255号马克笔绘制花坛暗面，用蓝绿色BG95号马克笔绘制扶手玻璃，这样可以丰富画面效果。

❶ 用冷灰色CG274号马克笔绘制扶手

❷ 用冷灰色CG273号马克笔绘制地面拼花

❸ 用黄绿色YG37号马克笔绘制灌木的阴影

❹ 用暖灰色WG467号马克笔绘制台阶

❺ 用暖灰色 WG469 号马克笔绘制投影

05 用橡皮擦擦掉一些玻璃上的色粉，以得到亮面效果，用暖灰色 WG469、WG470 号马克笔绘制台阶暗面和投影，地面用暖灰 WG464、WG465 号马克笔绘制。

5.5 亭子表现技法

5.5.1 3/4角度的亭子

案例

01 确定亭子主体的角度为正面的 3/4 角度。用铅笔起稿，画出亭子的基本结构并确定周边植物的位置。

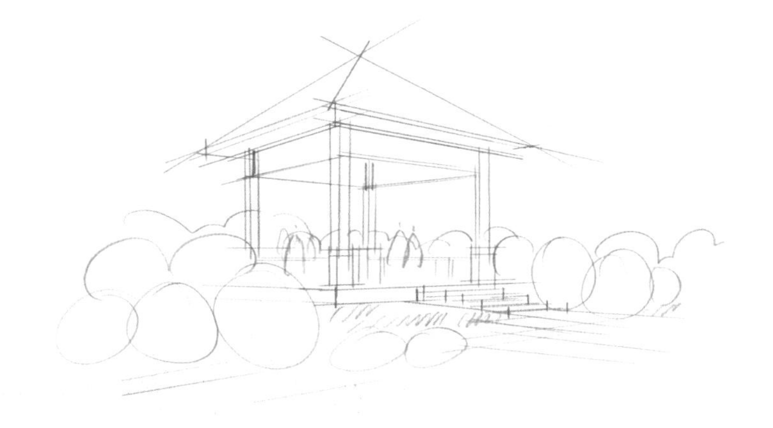

02 用 0.05 毫米针管笔勾画墨线稿，画出亭子结构、人物和周边植物。重点是亭子的长、宽、高等比例要协调。

03 刻画亭子和周边配景，亭子周边的植物要精细刻画。

❶ 精细地表现植物结构

04 确定画面的整体色调，用黄绿色 YG23、YG24、YG16、YG26、YG30 号马克笔绘制近景植物，用绿色 G57、G61、G58、G52、G50 号马克笔绘制远景植物，注意遵守“近暖远冷”的色彩原则。

❷ 远景植物多采用冷色调的绿色来表现
❸ 用暖灰色 WG465 号马克笔绘制亭子的地基和台阶

❹ 用蓝绿色 BG83 号马克笔绘制天空
❺ 用冷灰色 CG269、CG270 号马克笔绘制远处的建筑
❻ 中景植物用棕色 E173、E246 号马克笔绘制，使色彩更加丰富

05 用暖灰色 WG471 号马克笔绘制亭子的暗面，用绿色 G58、G50 号马克笔绘制植物阴影和投影。

5.5.2 现代亭子

案例

01 用铅笔起稿，画出亭子的基本结构。

扫码关注绘客
微信公众号

输入 56263 下载
并观看此处视频

02 用 0.05 毫米的针管笔画出亭子结构的墨线稿，用橡皮擦擦掉多余的线稿。

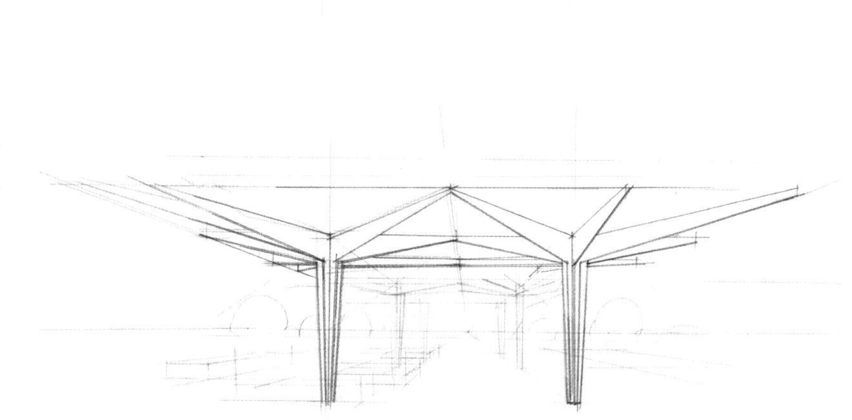

03 用 0.05 毫米的针管笔刻画亭子的细节和周边植物。

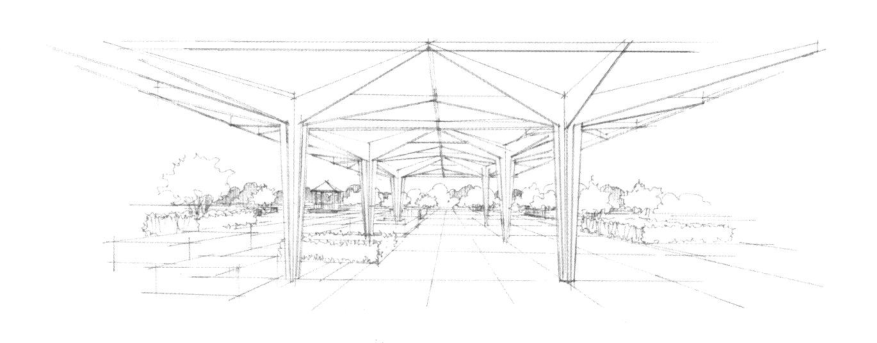

04 用棕色 E168 号马克笔绘制亭子的木质材料，用棕色 E172 号马克笔以平涂斜排笔绘制亮面光影。

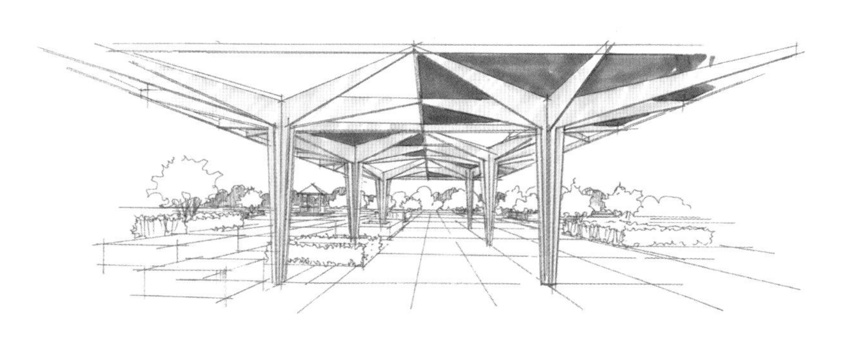

05 用冷灰色 CG271 号马克笔绘制地面，用黄绿色 YG26 号马克笔绘制绿篱植物。近处的灌木先留白，下一步骤再画。远处的乔木用绿色 G58、G52、G50 和蓝绿色 BG107 号马克笔绘制。

❶ 用暖灰色 WG465、WG466 号马克笔绘制休息椅

06 用蓝绿色 BG83、BG95 号马克笔绘制天空，丰富画面的色彩。用黄绿色 YG26、YG16 和紫色 V119、蓝紫色 BV109 号马克笔画出大灌木，用红色 R140 号马克笔刻画远处亭子的色彩和细节。

07 用棕色 E169、E171 号马克笔绘制亭子的暗面，增强亭子的空间感。用冷灰色 CG271、CG272 和白色马克笔绘制地面，增加地面的细节。

❷ 用暖灰色 WG468、WG469 号马克笔刻画休息椅的细节
❸ 用蓝灰色 BG89 号马克笔刻画绿篱细节，使绿篱空间感更强
❹ 用蓝紫色 BV109 号马克笔绘制天空

5.6 建筑立面表现技法

扫码关注绘客
微信公众号

输入 56263 下载
并观看此处视频

5.6.1 别墅立面

案例1

01 用铅笔起稿，画出建筑立面的基本结构。

02 用 0.05 毫米的针管笔画出建筑立面及乔木的墨线稿，要求线稿的比例、结构正确。

03 用暖灰色 WG466 号马克笔以平涂排笔绘制出建筑固有色。用黄绿色 YG16 号马克笔绘制草地。用蓝绿色 BG233 号马克笔以平涂排笔绘制玻璃。

❶ 用直尺辅助，以平涂排笔绘制建筑立面

04 将建筑立面、远景乔木刻画清晰，注意要有一定的色彩变化。

❷ ❸ 用绿色 G57、G60、G61、G50 号马克笔背景乔木，要有深浅色调的变化

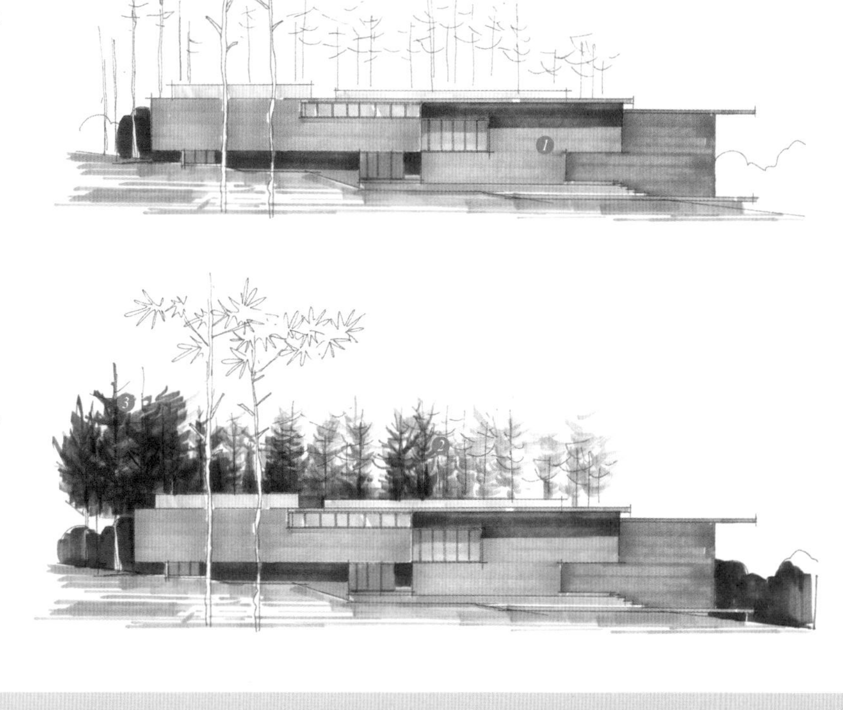

05 用绿灰色 GG65 和蓝绿色 BG95 、BG62 号马克笔绘制天空。

❹ 窗框用黑色 191 号马克笔绘制，用绿色 G58、G50 和蓝绿色 BG107 号马克笔绘制玻璃上的反光效果

❺ 用暖灰色 WG469、WG470 号马克笔画出建筑立面的投影效果

❻ 用暖灰色 WG466、WG467 号马克笔画出建筑立面的光影效果

❼ 用暖灰色 WG471 号马克笔绘制建筑的暗面

06 用白色马克笔画出窗框的细节。前景树可以采用留白手法表现。用 0.05 毫米的针管笔画出楼梯的位置，注意将其与建筑一楼的楼板结合起来。

案例2

01 用铅笔起稿，画出建筑立面的结构。

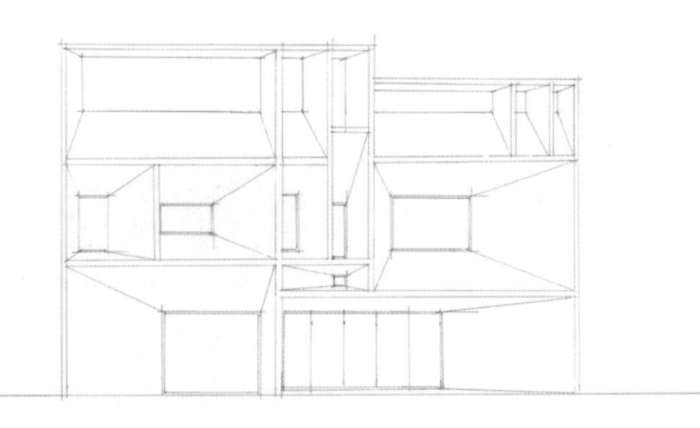

02 用 0.05 毫米的针管笔确定建筑立面的墨线稿。

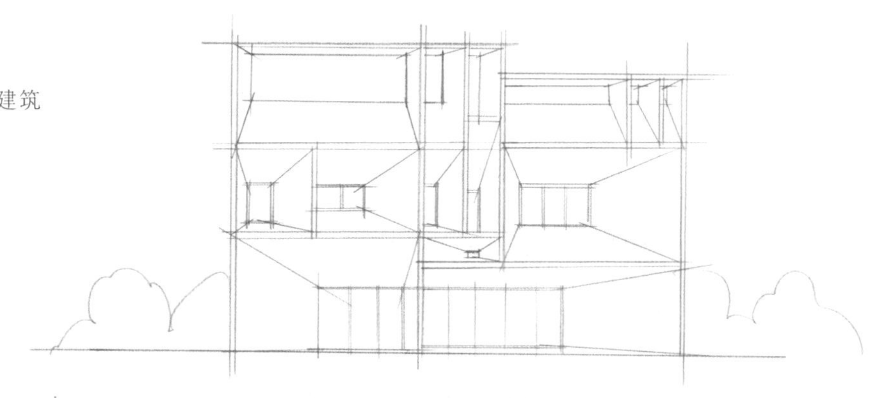

03 用暖灰色 WG463、WG466 号马克笔以平涂排笔绘制建筑主体，绘制时应注意明暗有别。线稿不完善的地方，可以在后面的步骤中将其完善。

❶ 迎光面采用平涂斜排笔绘制

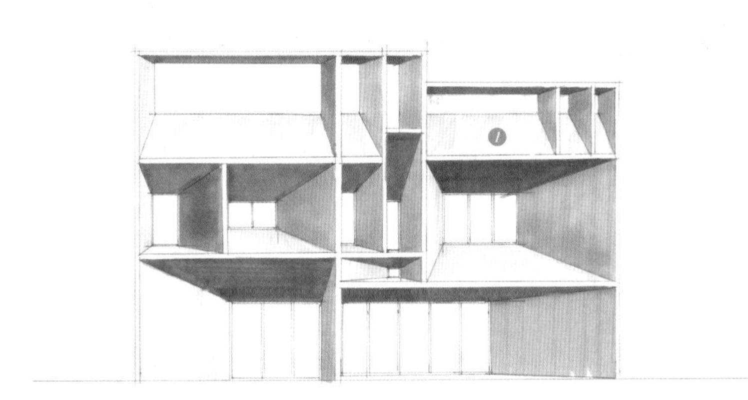

04 用蓝绿色 BG233 号马克笔以平涂排笔绘制玻璃。

❷ 平涂时不留缝隙，不留白

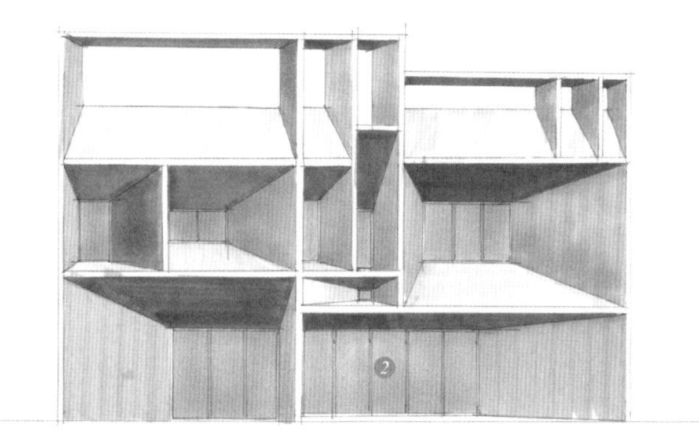

05 先用绿色 G50、蓝绿色 BG107 号马克笔绘制玻璃反光的效果，再用绿色 G52、G58、G61 号马克笔绘制建筑周边的绿色植物，然后用黑色 191 号马克笔绘制玻璃框。

❸ 绘制反光效果

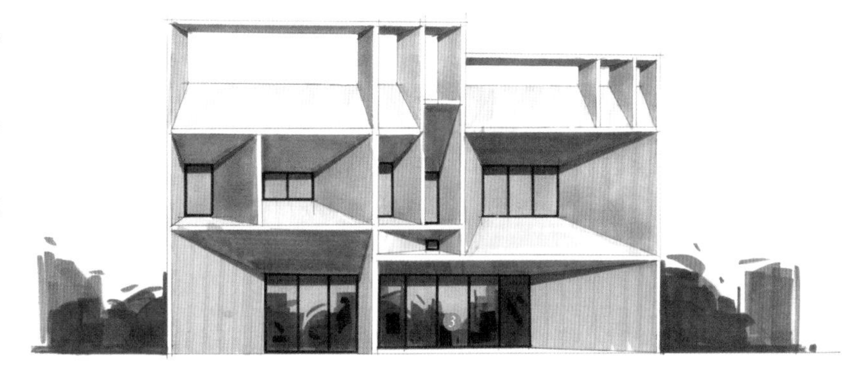

06 用蓝绿色 BG83 号马克笔绘制天空，注意天空的蓝色与玻璃的蓝色要有区分，天空起衬托的作用。

5.6.2 办公楼立面

案例1

01 用铅笔起稿，画出建筑立面的基本结构及两边的植物。

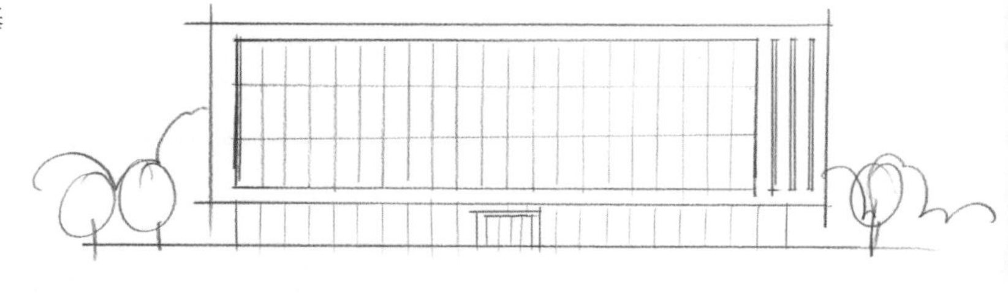

02 用 0.05 毫米的针管笔画出建筑立面和植物的墨线稿，建筑立面的结构要刻画详细。

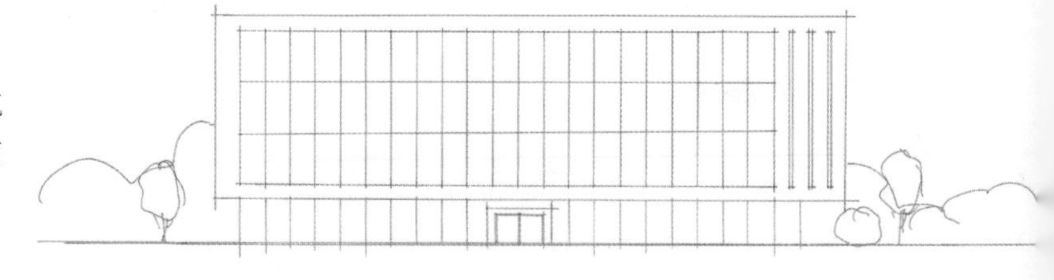

03 用浅蓝色色粉笔画玻璃，色粉要涂抹均匀。

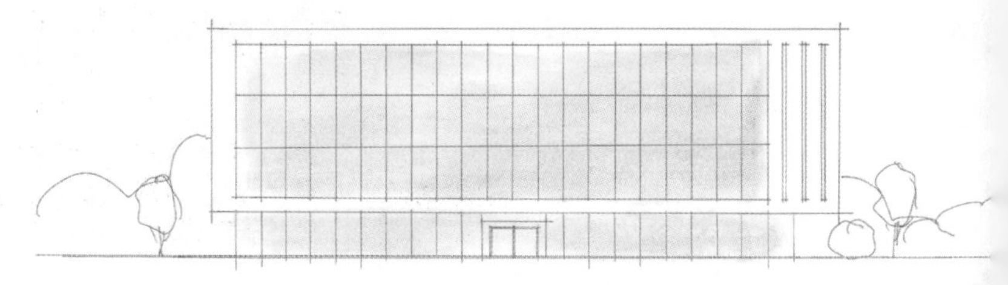

04 用蓝色 B235、蓝绿色 BG106、绿色 G52 号马克笔绘制玻璃上的反光效果，用绿色 G61、黄绿色 YG16 号马克笔绘制建筑两侧的植物。

05 用蓝绿色 BG95 号马克笔绘制天空和玻璃上反射出的天空效果。用暖灰色 WG463 号马克笔绘制墙体的固有色。建筑立面两侧的植物暗部用绿色 G50 号马克笔绘制。

❶ 用白色马克笔刻画出玻璃框上的高光

❷ 建筑立面的竖向玻璃窗用蓝绿色 BG95 号马克笔绘制

案例2

01 用铅笔画出建筑的形体结构，在铅笔线稿阶段就要把形体画得准确。

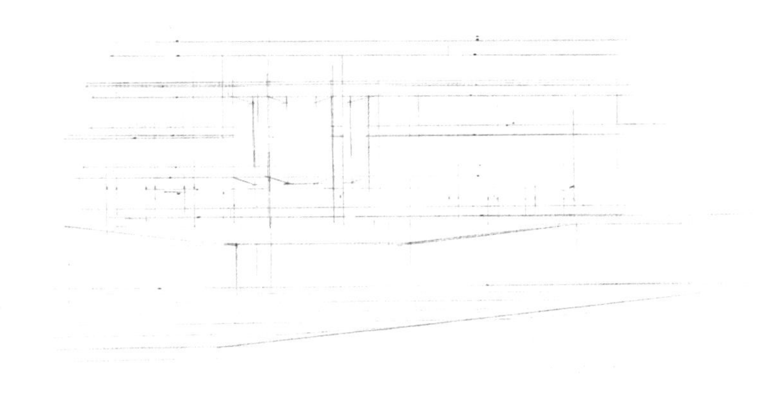

02 用 0.05 毫米的针管笔画出建筑立面的墨线稿。

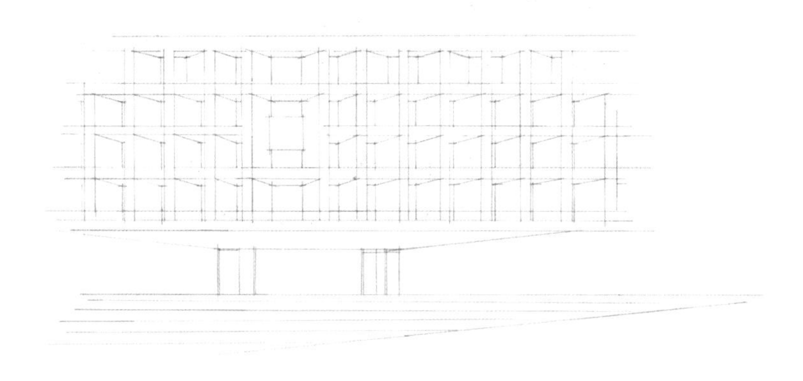

03 用砖红色色粉笔平涂绘制建筑立面，注意墙体和窗户结构要有颜色上的深浅变化。

❶ 使用色粉笔绘图时，可以用纸张遮挡，以免色粉画到线稿外

04 用蓝绿色 BG233 号马克笔以平涂排笔绘制玻璃。用中灰色 NG278、NG279 号马克笔绘制楼梯颜色与结构。

05 用蓝绿色 BG84 号马克笔绘制暗面的玻璃，用蓝绿色 BG107 号马克笔绘制建筑一楼玻璃上的反光效果。

❷ 玻璃内部结构要刻画清楚

❸ 用棕色 E168 号马克笔绘制墙面上的图案

06 用白色马克笔画出窗户玻璃上的高光，以丰富画面。

5.6.3 专卖店立面

案例

01 用铅笔起稿，画出建筑立面的基本结构、地面和植物。

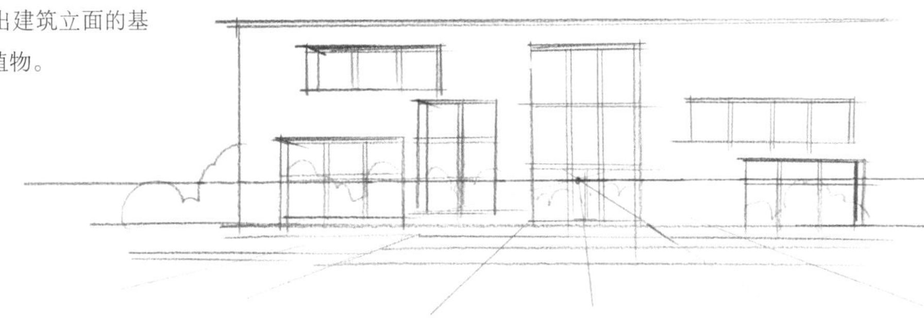

02 用铅笔画出建筑立面及草坪的线稿，再用 0.05 毫米的针管笔画出建筑立面及草坪的墨线稿。

03 用砖红色色粉笔平涂绘制建筑立面。

04 窗户玻璃用蓝绿色 BG95、BG96 号马克笔以平涂斜排笔绘制。注意上层玻璃的颜色浅，下层玻璃的颜色深。

❶ 此处应顺着光线的方向画
❷ 用棕色 E168 号马克笔绘制窗框的暗面

05 用蓝绿色 BG233 号马克笔再上一遍玻璃的颜色，尽量使玻璃的颜色接近真实的效果。

❸ 用蓝灰色 BG87、BG88 号马克笔绘制玻璃上的反光效果
❹ 用暖灰色 WG464 号马克笔绘制地面
❺ 用黄绿色 YG23 号马克笔绘制草坪

06 用 0.05 毫米的针管笔画出建筑立面上砖块和窗户的结构。用蓝灰色 BG89、黑色 191 号马克笔绘制窗框。

❻ 用暖灰色 WG466 号马克笔绘制地面
❼ 用绿色 G56 号马克笔绘制建筑左侧的植物

CHAPTER SIX

建筑整体表现技法

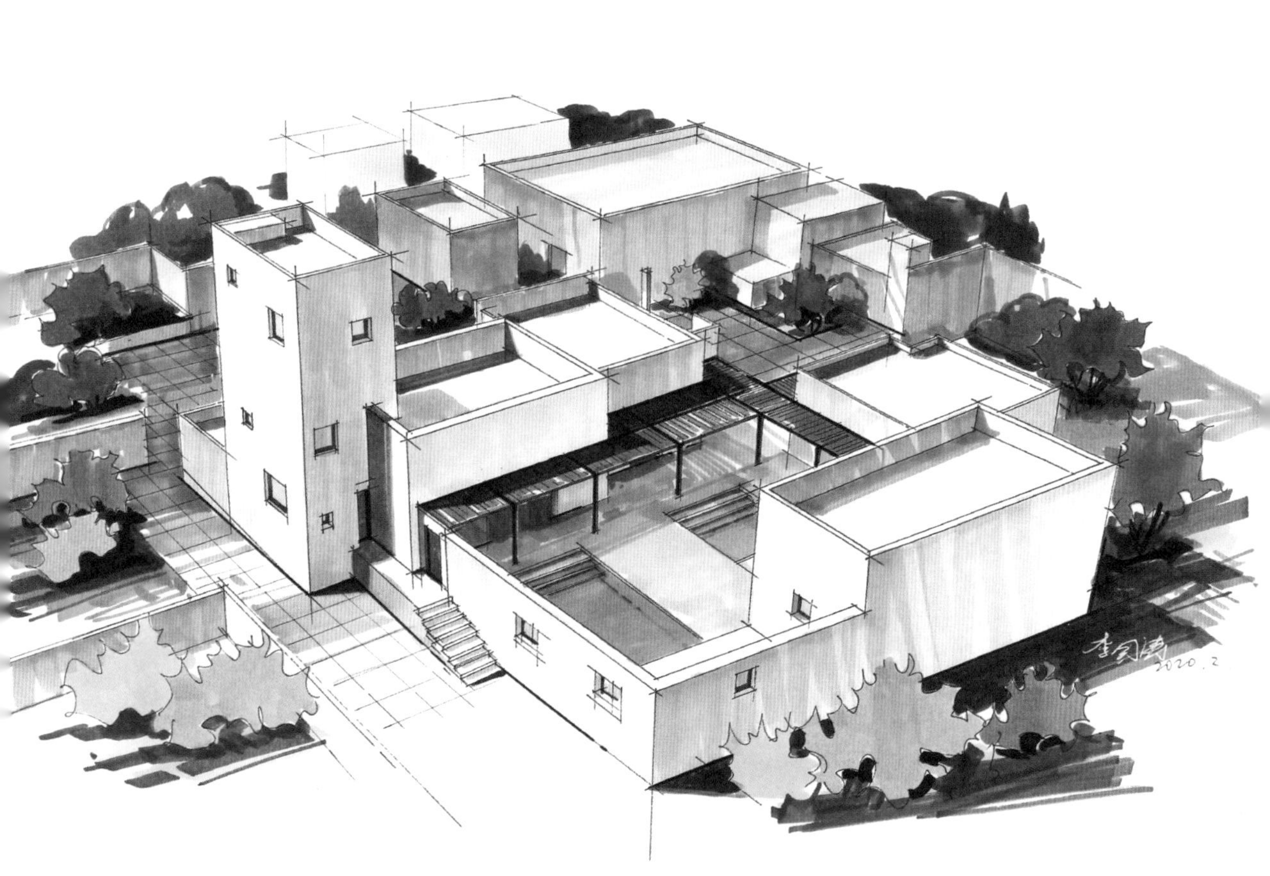

6.1 住宅建筑表现技法

扫码关注绘客
微信公众号

输入 56263 下载
并观看此处视频

6.1.1 多层住宅

案例1

01 用铅笔起稿，勾画出建筑的基本结构、比例、透视关系与周边的植物。

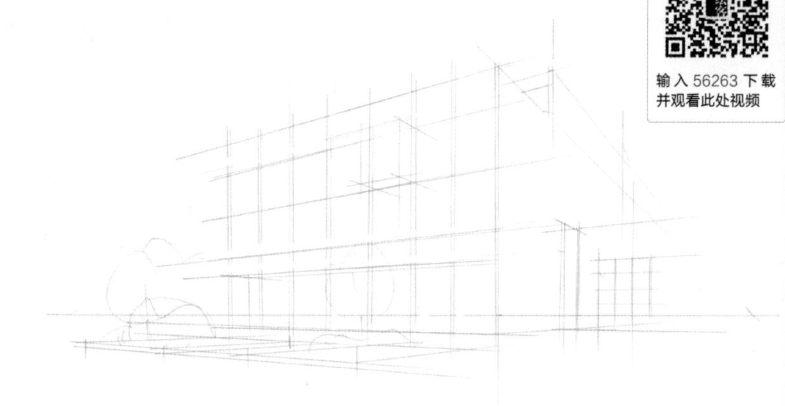

02 用0.05毫米的针管笔勾画建筑及植物的墨线稿，要求建筑的透视关系、比例、结构正确。

03 用浅灰色色粉笔画出大面积的建筑体块，建筑投影位置用暖灰色WG468号马克笔绘制。

❶ 此处用冷灰色 CG270 号马克笔绘制，注意不要画到线稿外面

❷ 此处用暖灰色 WG466 号马克笔绘制

04 用蓝绿色 BG83 号马克笔绘制玻璃，用绿色 G57 号马克笔绘制玻璃上的反光效果。

❸ 底部的框架用棕色 E247 号马克笔绘制

05 采用蓝绿色 BG84、BG106，绿色 G45、G57、G58、G50 号马克笔绘制建筑玻璃上的反光效果。

❹ 用棕色 E168 号马克笔绘制百叶窗，注意窗户的透视关系

06 用绿色 G56 号马克笔向上扫笔绘制灌木，用黄绿色 YG16、YG24、YG30 号和蓝紫色 BV109 号马克笔绘制草地与小花。

❺ 用蓝绿色 BG107 号马克笔绘制玻璃上的反光效果

❻ 用蓝绿色 BG95 号马克笔绘制天空

07 用棕色 E168 号马克笔完善百叶窗的细节，用冷灰色 CG274 号马克笔绘制窗框投影，丰富建筑立面的细节。画面左侧的远处建筑用暖灰色 WG469 号马克笔绘制，以衬托近处主体建筑。用暖灰色 WG465、WG466 号马克笔绘制地面。

案例2

01 用铅笔起稿，勾画出建筑的基本结构、注意建筑的透视关系和比例。

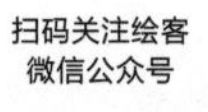

输入 56263 下载
并观看此处视频

02 用 0.05 毫米的针管笔勾画建筑及植物的墨线稿，并画出建筑结构的细节。

03 用暖灰色色粉笔画建筑，色粉要涂抹均匀。

04 用暖灰色 WG466 号马克笔绘制建筑暗面和投影。

05 用黄色 Y3、Y5 号马克笔绘制建筑窗洞，注意明暗对比。

❶ 以平涂排笔绘制建筑暗面

06 用蓝绿色 BG233 号马克笔绘制建筑玻璃，玻璃上要适当留白，这样更有光感。

❷ 亮面玻璃留白，体现出光感

❸ 地面上的雕塑与休息椅用红色 R140 号马克笔绘制

07 确定建筑暗部，用蓝绿色 BG107 号马克笔绘制玻璃暗面及玻璃上的反光。用中灰色 NG278 号马克笔绘制地面。建筑左右两侧的植物用蓝绿色 BG106、BG107，黄绿色 YG37、YG21 号马克笔绘制。

❹ 用暖灰色 WG467 号马克笔画出外立面的条状结构

❺ 用炭灰色 TG256 号马克笔绘制建筑投影

❻ 用黄绿色 YG24、YG26 号马克笔绘制近处草坪

08 用黑色 191 号马克笔丰富建筑细节，用绿色 G50、G58 号马克笔完善建筑的配景植物，用蓝绿色 BG95、BG96 号马克笔绘制天空，用冷灰色 CG271、CG270 号马克笔绘制远处的建筑。

6.1.2 别墅住宅

案例1

扫码关注绘客
微信公众号

输入 56263 下载
并观看此处视频

01 用铅笔起稿，勾画出建筑的基本结构及周边的植物，找准透视关系。

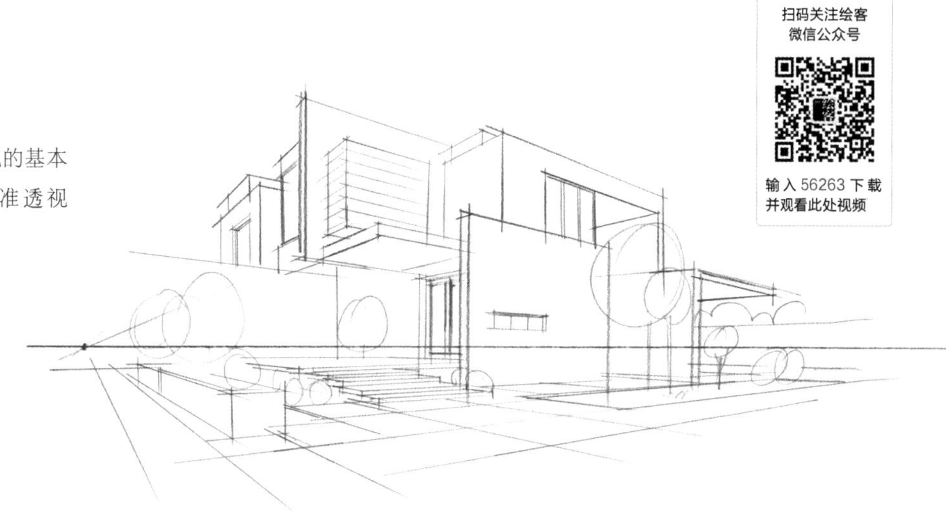

02 用 0.05 毫米的针管笔画出建筑及植物的墨线稿，线条要流畅、整洁。

03 用暖灰色色粉笔画出建筑主体，色粉要涂抹均匀。

04 用暖灰色 WG466 号马克笔绘制建筑暗面，突出建筑形体，增强空间感。用黄绿色 YG24、YG26、YG27、YG30、YG37 号马克笔绘制植物。

❶ 建筑暗面也应画出层次感

❷ 用蓝灰色 BG87 号马克笔绘制花坛，暗面以平涂排笔上色

05 用蓝绿色 BG95、BG233 号马克笔绘制建筑亮面玻璃，亮面玻璃与暗面玻璃的颜色要有区分。用蓝绿色 BG106 号马克笔绘制建筑暗面玻璃上的反光效果，树干用暖灰色 WG469 号马克笔绘制。

❸ 用棕色 E173 号马克笔绘制木板窗户

06 用暖灰色 WG468 号马克笔绘制建筑的暗面和投影，用绿色 G50、G58 号马克笔绘制植物暗面，使植物及建筑更有立体感。用红色 R143、蓝紫色 BV109 号马克笔绘制草地上的花卉。

❹ 绘制植物时要一遍一遍地加深色彩

07 用冷灰色 CG273 号马克笔绘制建筑窗框，增强建筑的立体感。在玻璃上添加白色，使玻璃更通透。用蓝绿色 BG106、BG107 号马克笔绘制远处的乔木。

案例2

01 用铅笔起稿，勾画出建筑的基本结构和植物的位置、大小，找准透视关系。

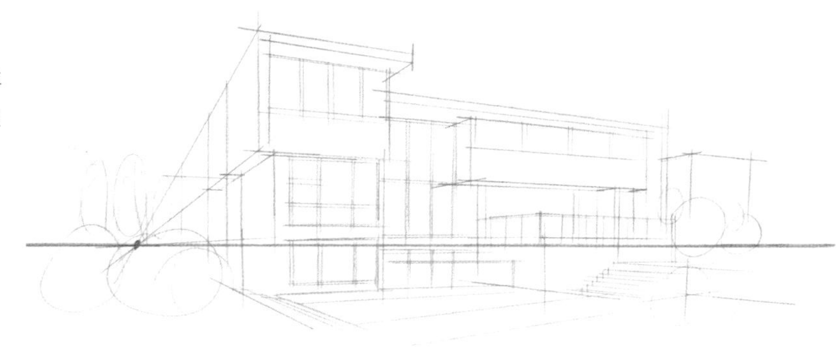

02 用 0.05 毫米的针管笔勾画建筑及植物的墨线稿，线条要干净、整洁。

03 用冷灰色 CG269、CG270 号马克笔绘制建筑的屋檐与左右墙壁，注意区分出建筑的明暗关系。用暖灰色 WG465、WG466 号马克笔绘制建筑主体。

1 此处用棕色 E246 号马克笔绘制
2 此处用棕色 E168 号马克笔绘制

04 用绿色 G56、G45、G57、G61、G60、G50 号马克笔绘制植物，近处用浅绿色，远处用冷绿色和墨绿色。用冷灰色 CG270、CG271 号马克笔绘制楼梯。

3 植物以平涂排笔绘制

05 用蓝绿色 BG83、BG95 号马克笔绘制建筑亮面玻璃，以平涂斜排笔绘制光线效果。用蓝绿色 BG84、BG106 号马克笔绘制建筑玻璃上的反光和投影效果，以及暗面玻璃的颜色。

❹ 反光效果要逐渐深入地刻画
❺ 用蓝绿色 BG106 号马克笔绘制投影

06 用绿色 G61、G52、G50 号马克笔绘制远处的植物。用蓝绿色 BG106、BG107 号马克笔再画一遍玻璃上的反光效果，玻璃上的反光效果要逐次加深。细化建筑左右两侧的植物，起到烘托主体建筑的作用。

❻ 用蓝灰色 BG88、BG89 号马克笔绘制玻璃反光效果，注意反射的投影形态

07 用冷灰色 CG274 号马克笔绘制玻璃窗框及栏杆扶手，扶手的高光用白色马克笔绘制，丰富建筑细节。用暖灰色 WG465、WG466 号马克笔绘制地面。用蓝灰色 BG87、BG88 号马克笔绘制植物的投影。

案例3

01 用铅笔起稿，画出建筑的基本结构和山坡及周边植物。

02 用0.05毫米的针管笔勾画建筑及植物的墨线稿。

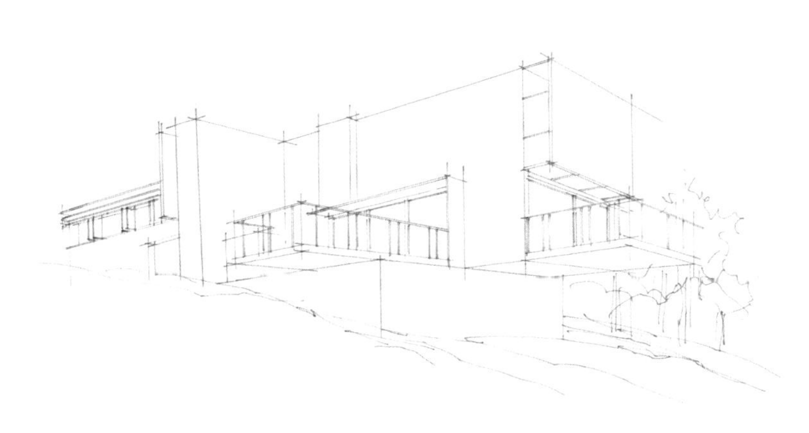

03 用浅蓝色、浅灰色、中灰色色粉笔平涂绘制玻璃与建筑墙体，用蓝绿色BG233号马克笔绘制暗面玻璃。注意亮面玻璃与暗面玻璃的颜色要有区别。

04 用黄绿色YG26、YG27号马克笔绘制近处草坪，远处植物用绿色G56、G60、G61号马克笔绘制，表现植物时应遵守“近暖远冷”的色彩原则。

05 用暖灰色 WG465、WG466 号马克笔绘制建筑暗面，用暖灰色 WG468 号马克笔绘制建筑投影，投影位置要准确。用蓝灰色 BG88 号马克笔绘制玻璃窗框，窗框的投影用冷灰色 CG273 号马克笔绘制。

❶ 窗户上的檐板用冷灰色 CG272 号马克笔绘制

06 用蓝灰色 BG106、BG107 号马克笔绘制建筑体块投影到玻璃上的色彩变化。暗面玻璃用蓝绿色 BG106 号马克笔绘制。用绿色 G52、G50 号马克笔绘制建筑在草地上的投影和草地固有色。

❷ 用蓝灰色 BG87、BG88 号马克笔绘制乔木与灌木，丰富植物细节

❸ 用蓝绿色 BG106、BG84 号马克笔叠加颜色来表现玻璃

07 用黑色 191 号马克笔绘制建筑栏杆的细节，用绿色 G52 号马克笔画出近景草坪上的小草，丰富画面内容。

6.2 校园建筑表现技法

6.2.1 教学楼

案例1

01 用铅起稿，笔先画出建筑的视平线、灭点，注意建筑的结构、透视关系和比例。

02 用 0.05 毫米的针管笔勾画建筑和周边植物的墨线稿。

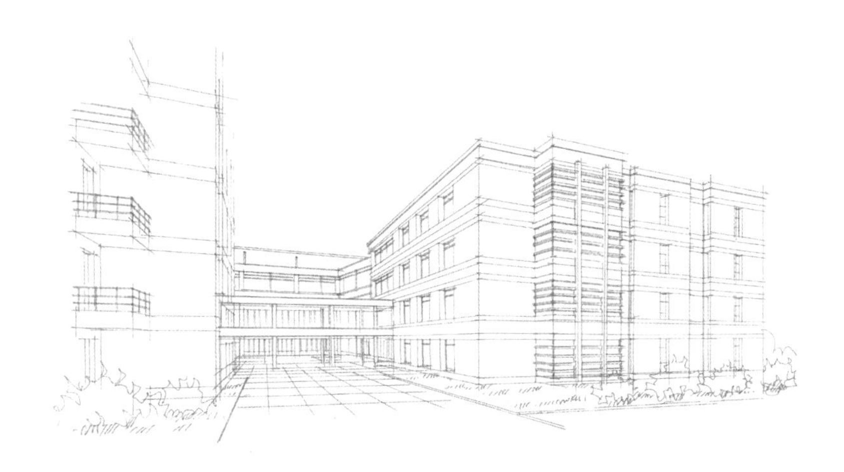

03 用暖灰色色粉笔画出教学楼墙体的亮面，用暖灰色 WG465、WG466 号马克笔绘制教学楼的暗面。

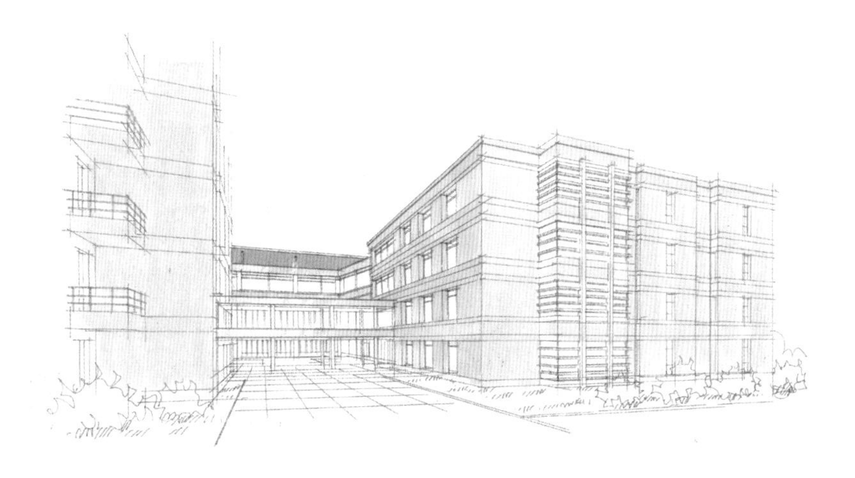

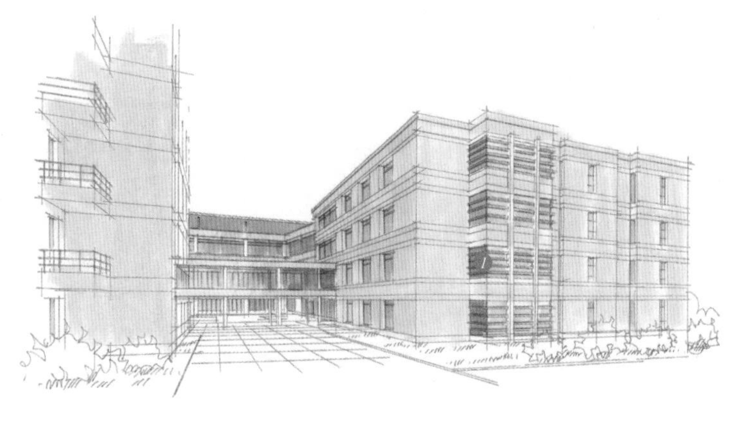

04 用蓝色 B237、B238 号马克笔绘制教学楼的暗面玻璃，用蓝色 B240 号马克笔绘制教学楼的亮面玻璃。注意玻璃的亮面与暗面应明确区分开来。

❶ 暗面玻璃用蓝绿色 BG233 号马克笔叠加颜色来表现

05 用黄绿色 YG23、YG24、YG26、YG30、YG37 号，紫色 V119、V206 号马克笔表现地面植物，植物的色彩要丰富多样，同时应注意绿色还是主要色调。地面用暖灰色 WG463 号马克笔绘制。用暖灰色 WG467 号马克笔绘制建筑暗面与投影。

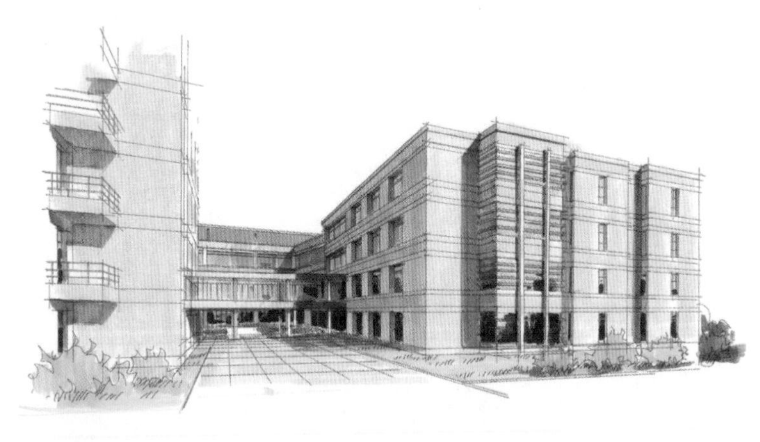

06 用蓝绿色 BG107、BG106 号、蓝灰色 BG89 号马克笔绘制玻璃的反光效果，反光效果应尽量接近真实效果。用暖灰色 WG468 号马克笔绘制建筑的投影。

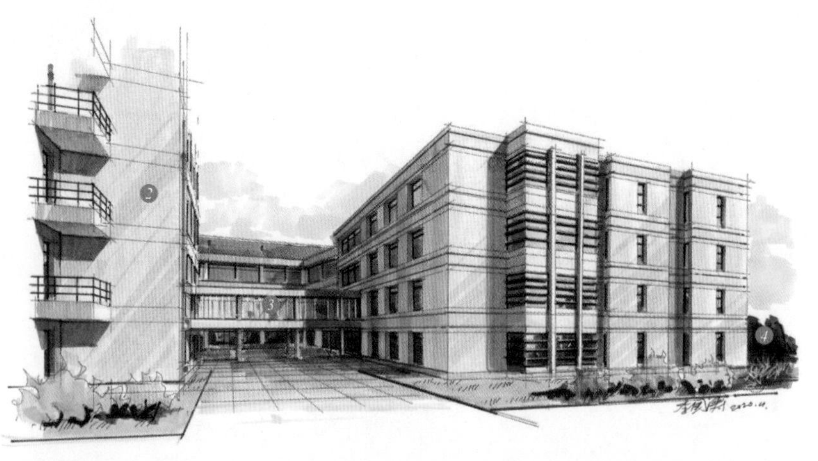

07 用黑色 191 号马克笔绘制门、窗的框，用蓝色 B240、蓝绿色 BG83 号马克笔绘制天空衬托主体建筑。地面上的投影用蓝灰色 BG86 号马克笔绘制。植物的投影用黑色 191 号马克笔绘制。

❷ 用暖灰色 WG464 号马克笔以平涂斜排笔绘制建筑外立面的光线
❸ 用白色马克笔画出窗框上的结构
❹ 用蓝灰色 BG89 号马克笔绘制远处的植物

案例2

01 用铅笔起稿，要求建筑形体的透视关系、比例基本正确。

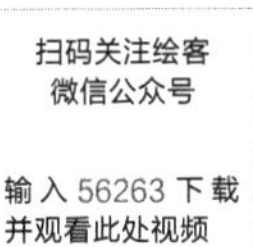

02 用 0.05 毫米的针管笔勾画建筑及植物的墨线稿，墨线稿要描绘准确。

03 用暖灰色色粉笔画出建筑主体。用蓝绿色 BG95 号马克笔绘制建筑玻璃。

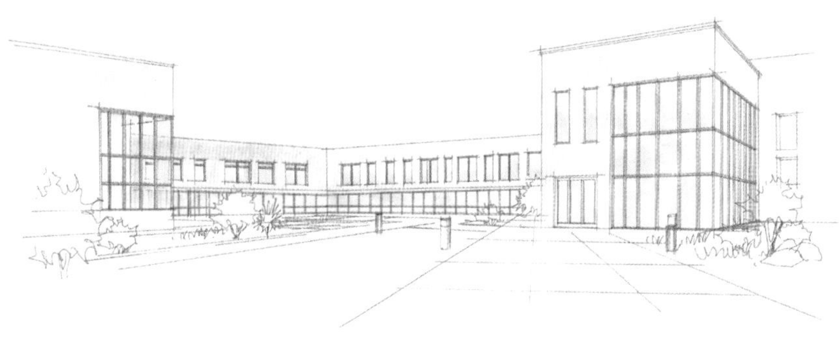

04 先确定光源方向，再用蓝绿色 BG84、BG106 号马克笔画出建筑暗面和玻璃上的反光效果。建筑暗面用暖灰色 WG466 号马克笔绘制。

05 用黄绿色 YG24、YG16、YG27、YG30 号，红色 R144 号马克笔绘制草坪与灌木，丰富画面的色彩。用炭灰色 TG252、TG253 号马克笔绘制地面。

06 用蓝灰色 BG87、BG88 号，绿色 G52、G50 号马克笔绘制玻璃的反光效果和玻璃暗面。

❶ 用暖灰色 WG464 号马克笔以平涂斜排笔绘制建筑迎光面上的光线

❷ 用炭灰色 TG254 号马克笔绘制地面

❸ 用冷灰色 CG274、黑色 191 号马克笔绘制玻璃上的反光效果

07 用蓝绿色 BG95、蓝色 B235、蓝紫色 BV109 号马克笔绘制玻璃上天空的反射效果，用相同的色彩绘制天空。采用横向运笔绘制天空，运笔要流畅、自然。窗框用黑色 191 号马克笔绘制。植物暗面用绿色 G58、G50 号马克笔绘制。

案例3

01 用铅笔起稿，勾画出建筑的基本结构，找准比例。

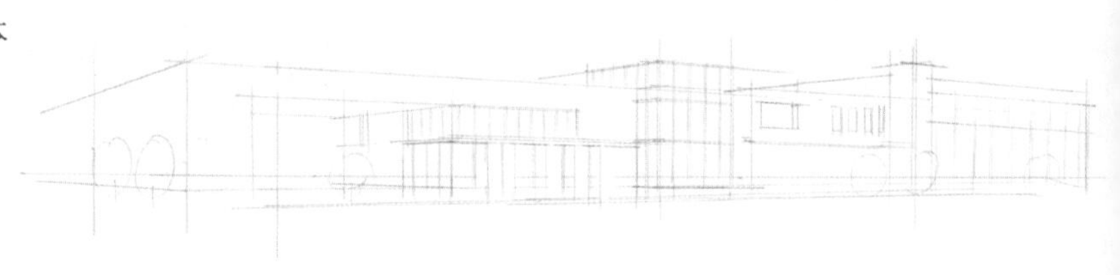

02 用 0.05 毫米的针管笔勾画建筑及植物墨线稿，建筑的结构、细节要表现正确。

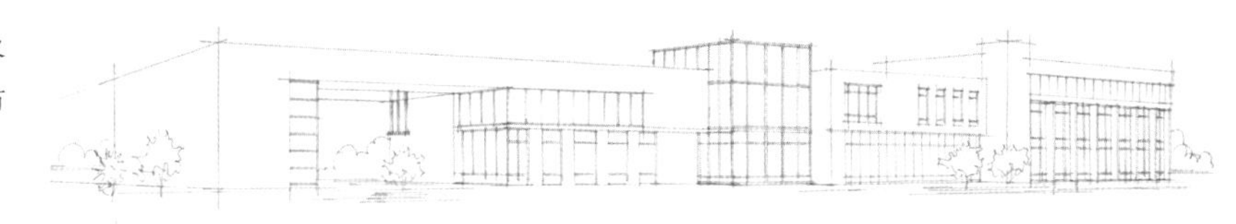

03 用砖红色色粉笔画出建筑主体，色粉要涂抹均匀。

❶ 面积太小的柱体可留白，后续用马克笔绘制

04 用浅蓝色色粉笔平涂绘制玻璃。

05 用蓝色 B242 号马克笔绘制玻璃上建筑的投影，用蓝色 B241 号马克笔绘制玻璃暗面。注意阴影的位置要画准确。

❷ 用棕色 E168 号马克笔绘制柱子

❸ 用蓝色 B235 号马克笔以平涂斜排笔绘制出玻璃上的光感

❹ ❺ 明亮的地方都是用橡皮擦擦掉色粉来实现的

06 用冷灰色 CG273、CG274 号马克笔绘制建筑窗框。用黄绿色 YG16、YG30 号，紫色 V206 号马克笔绘制近景植物，远景植物用绿色 G61、G58、G50 号马克笔绘制。地面用暖灰色 WG465、WG466 号马克笔绘制。

07 用蓝绿色 BG95、BG233 号马克笔绘制天空，起到陪衬主体、丰富画面的作用。用蓝绿色 BG233 号马克笔以平涂排笔绘制玻璃上的光线效果。用绿色 G61、G52 号马克笔绘制玻璃的反光效果。

6.2.2 图书馆

扫码关注绘客
微信公众号
输入 56263 下载
并观看此处视频

案例1

01 用铅笔起稿，要求建筑形体的透视关系、比例要基本正确。

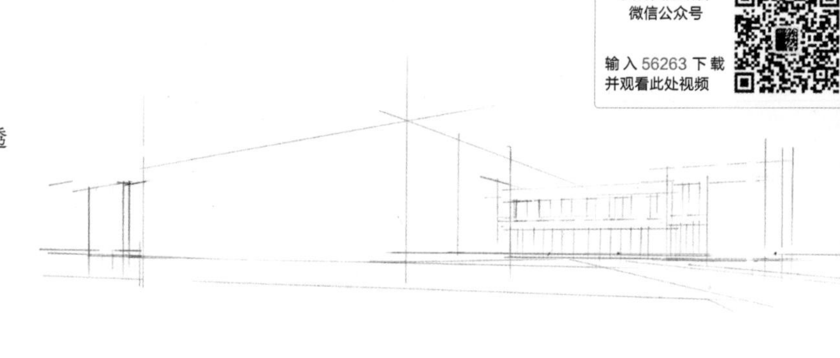

02 用 0.05 毫米的针管笔勾画建筑及植物墨线稿，要求图书馆的结构、透视关系、比例要绘制正确。

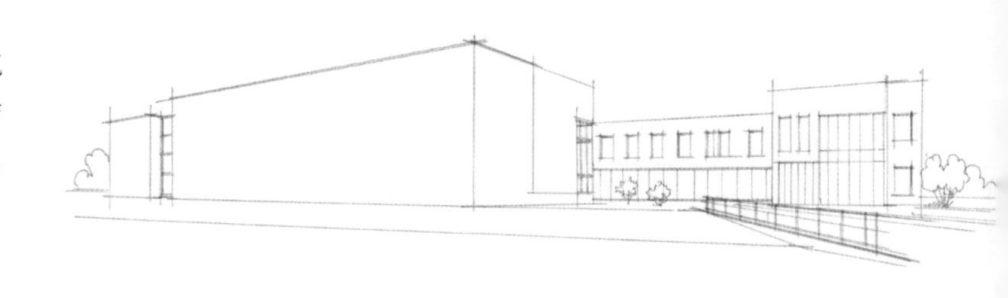

03 用砖红色色粉笔画出建筑的主要墙面，并用红色 R144 号马克笔绘制建筑暗面。用蓝绿色 BG95 号马克笔绘制玻璃，最后用黄绿色 YG24、YG16 号马克笔绘制草坪与灌木。

04 用绿色G58、G52号，蓝灰色BG87、BG88号马克笔绘制低层玻璃上的反光效果，玻璃上的投影是周围环境。

❶ 远处的玻璃和反光的颜色要深些
❷ 近处的玻璃和反光的颜色要浅些
❸ 用绿色 G58、G50 号马克笔绘制远景植物

05 用蓝绿色 BG233 号马克笔绘制天空，起到烘托主体的作用。用黑色 191 号马克笔绘制窗框、栏杆和建筑上檐。用暖灰色 WG466 号马克笔绘制地面。

❹ 用橡皮擦擦掉迎光面上多余的色粉，表现出光感

06 用蓝灰色 BG88、BG89 号马克笔绘制玻璃上的反光效果。天空用蓝紫色 BV109 号马克笔绘制。用暖灰色 WG467、WG468 号马克笔绘制地面。

❺ 用暖灰色 WG469 和 0.05 毫米的针管笔画出建筑立面的细节，使近景建筑墙面内容更丰富，更有特色

案例2

01 用铅笔起稿，勾画出建筑的基本结构，找准比例和透视关系。

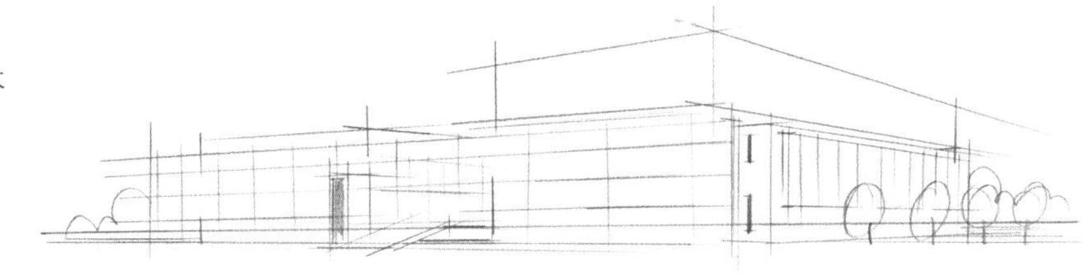

02 用铅笔调整建筑及植物的结构和比例，用 0.05 毫米的针管笔画出墨线稿。

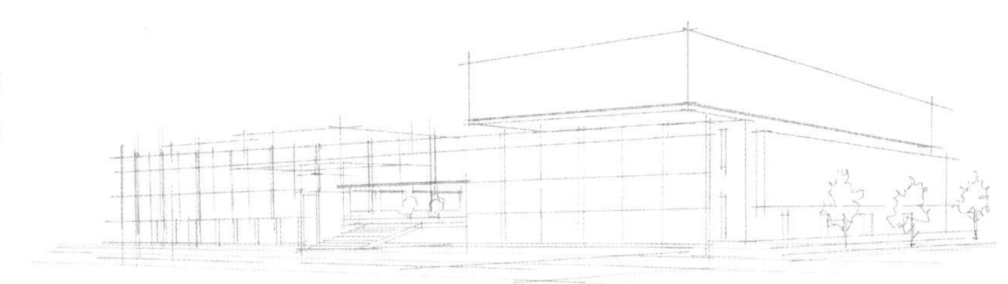

03 用浅蓝色、深蓝色和浅灰色色粉笔画出建筑主体，注意将色粉涂抹均匀。

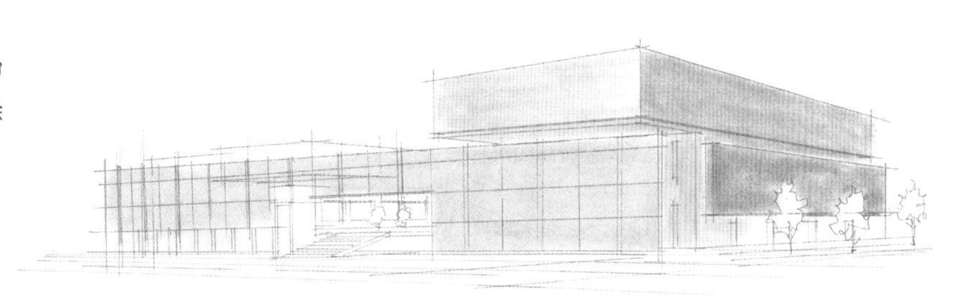

04 在色粉笔的基础上，再用蓝绿色 BG95 号马克笔以平涂斜排笔绘制玻璃上的光影细节。建筑暗面和楼梯处用暖灰色 WG466、WG467 号马克笔绘制。用中灰色 NG278 号马克笔绘制地面。

❶ 用蓝绿色 BG106 号马克笔绘制窗子的暗面
❷ 用红色 R140 号马克笔绘制柱子
❸ 用黄绿色 YG24 号马克笔绘制乔木

05 用绿色 G57、G61、G58、G52、G50 号马克笔绘制低层玻璃反射出的景物，注意景物的颜色要统一。远处植物用蓝绿色 BG107、绿灰色 GG66 号马克笔绘制。

06 用白色马克笔绘制建筑窗框上的结构细节，用蓝绿色 BG107、蓝灰色 BG89 号马克笔绘制建筑周边的植物。用中灰色 NG279 号马克笔绘制地面。用蓝绿色 BG95、BG233 号马克笔绘制天空。

07 用蓝绿色 BG106、BG107 号马克笔绘制玻璃上的反光细节，丰富画面内容。用中灰色 NG280 号马克笔绘制地面。

6.3 办公建筑表现技法

6.3.1 高层办公建筑

案例1

01 用铅笔起稿，要求建筑形体的透视关系、比例、结构正确。

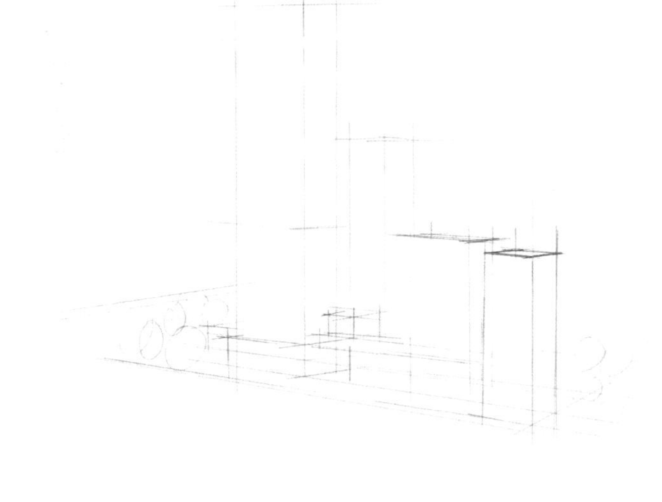

02 勾画建筑及周边植物的墨线稿。建筑与建筑之间的空间关系要准确。

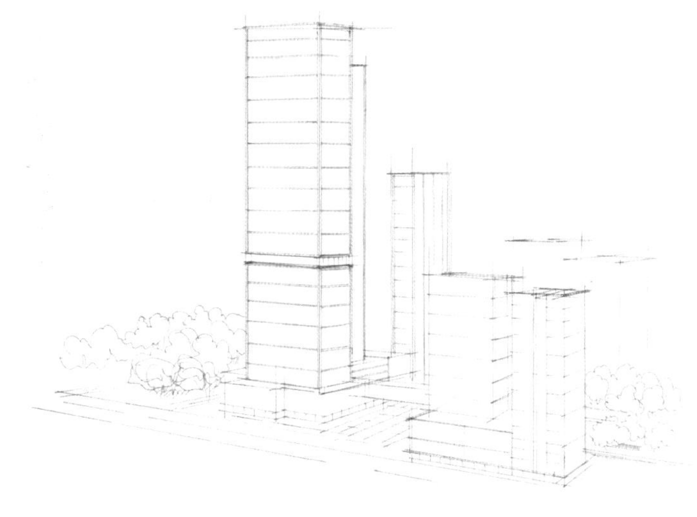

03 用浅蓝色色粉笔画出建筑玻璃幕墙的亮面，再用蓝绿色 BG233、BG84、BG106、BG107 号马克笔绘制建筑玻璃幕墙的亮面与暗面。画出玻璃幕墙上的反光效果，注意色彩的明暗变化。

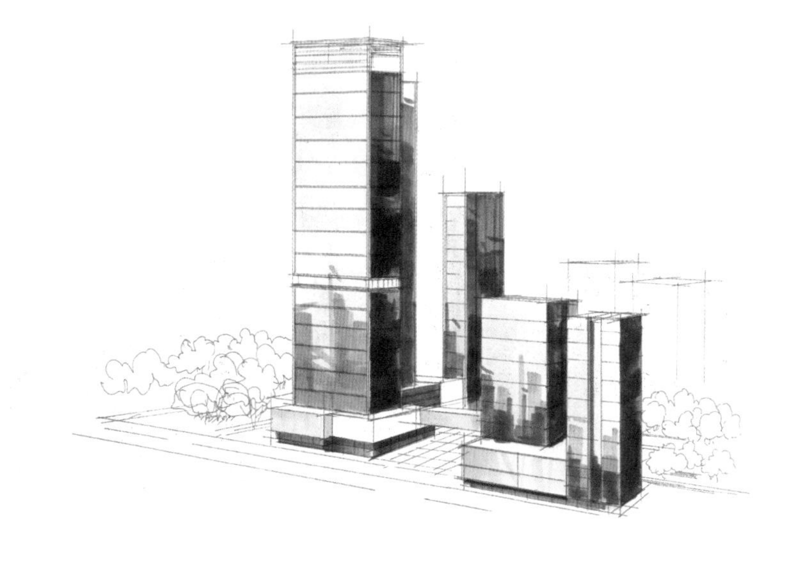

04 用黄绿色 YG26、YG27，绿色 G52、G50 号马克笔绘制植物，并画出植物在地面上的投影。地面用暖灰色 WG468 号马克笔绘制。用暖灰色 WG466 号马克笔绘制建筑。

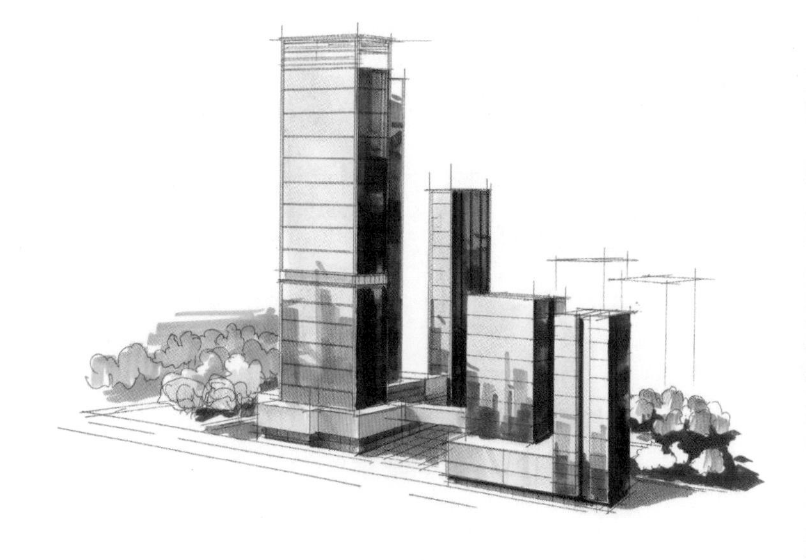

05 用冷灰色 CG271、中灰色 NG278 号马克笔绘制远景建筑，起到烘托主体建筑的作用。

1 用蓝灰色 BG88 号马克笔叠加一遍玻璃幕墙的颜色

2 用中灰色 NG279 号马克笔绘制高架桥

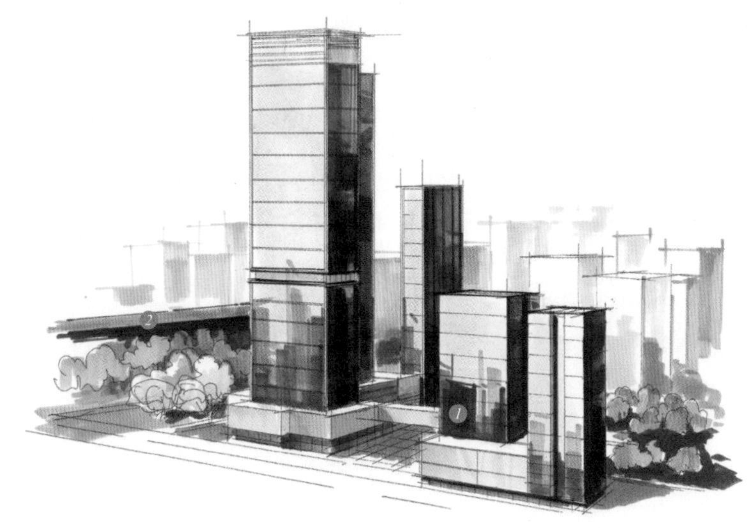

06 用白色马克笔刻画建筑细节，远处的建筑用冷灰色 CG270、CG271、CG272，中灰色 NG278、NG279、NG280 号马克笔绘制。用绿色 G58、G52、G50，蓝绿色 BG106、BG107 号马克笔绘制建筑周边植物，以丰富画面效果。地面用冷灰色 CG271 号马克笔绘制，用暖灰色 WG469、WG470 号马克笔绘制建筑在地上的投影。

案例2

01 用铅笔起稿，要求建筑形体的透视关系、比例正确。

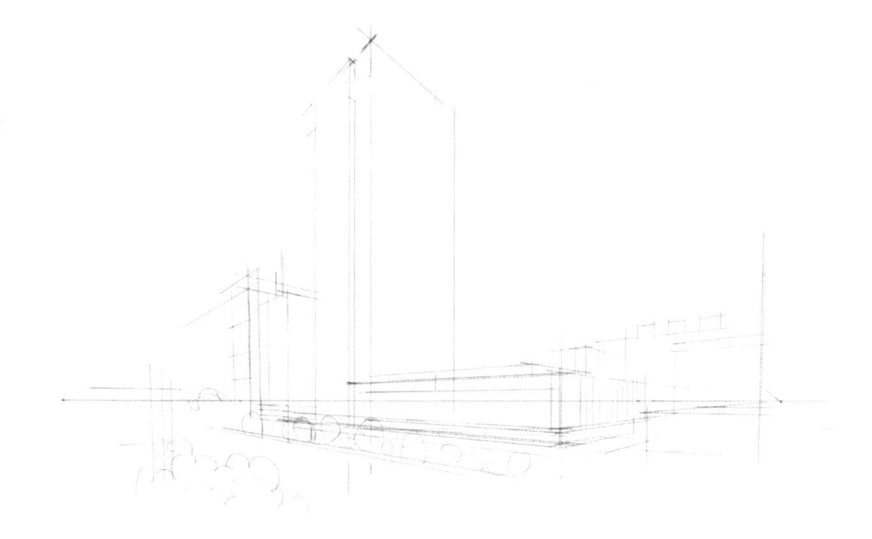

02 画高层建筑的楼层时，楼层数要基本准确，不能有明显的错误。建筑高度与宽度的比例要合适。

❶ 高层建筑中各楼层的高度不能相差太大，要基本相同

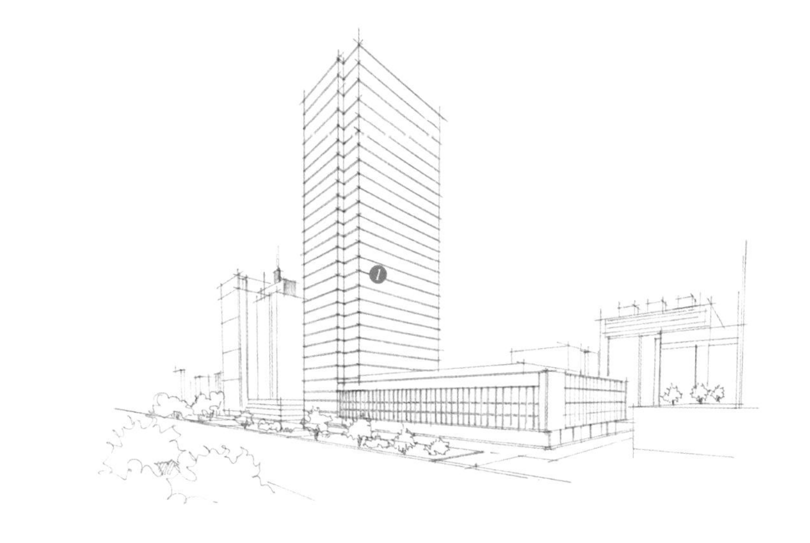

03 用深蓝色和浅蓝色色粉笔画出建筑玻璃幕墙，注意区分出建筑的明暗关系。

04 用蓝灰色 BG88 号马克笔绘制建筑的明暗和玻璃上的反光效果。左边的建筑用绿色 G52 号马克笔绘制，玻璃幕墙上部用蓝绿色 BG96 号马克笔绘制。

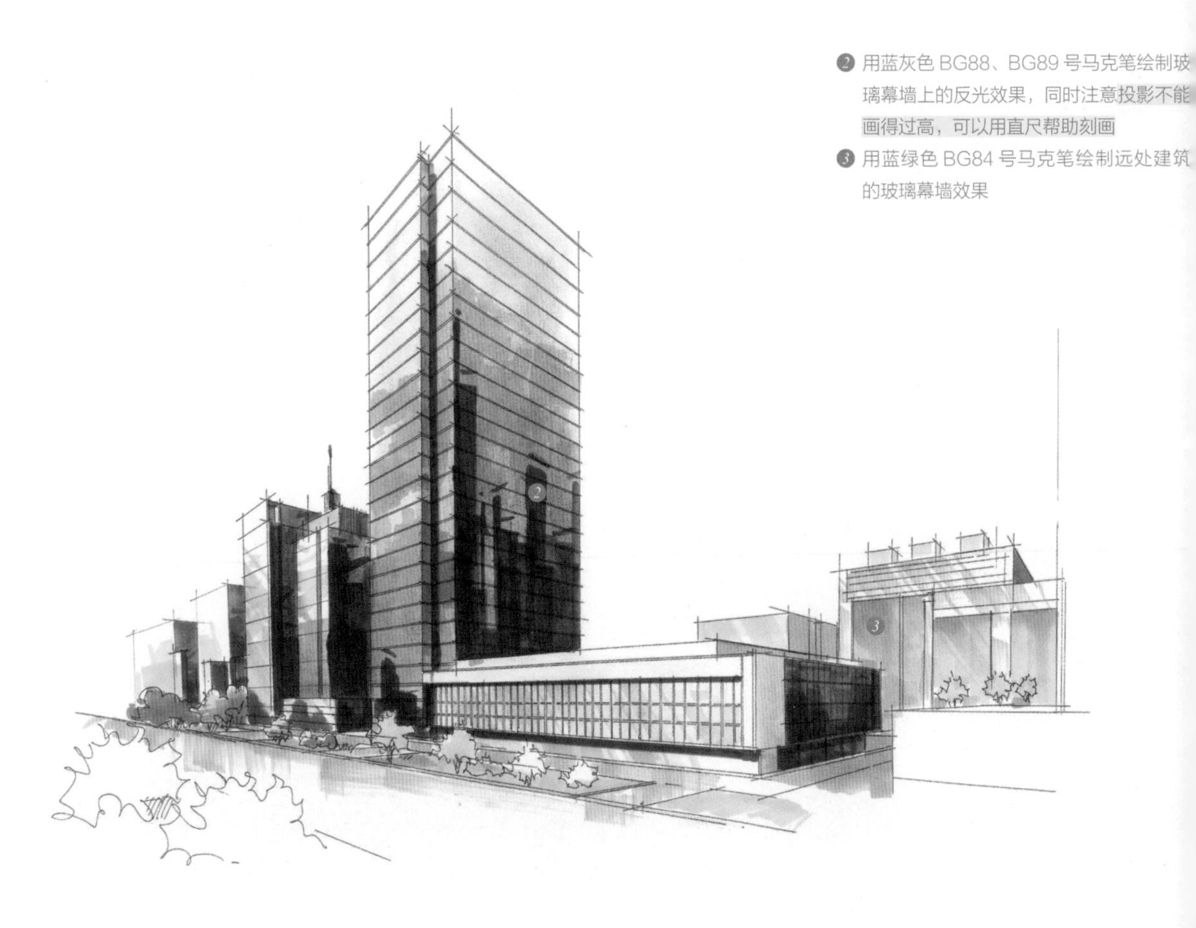

❷ 用蓝灰色 BG88、BG89 号马克笔绘制玻璃幕墙上的反光效果，同时注意投影不能画得过高，可以用直尺帮助刻画

❸ 用蓝绿色 BG84 号马克笔绘制远处建筑的玻璃幕墙效果

05 用黄绿色 YG24、YG26、YG37 号马克笔绘制建筑周边的植物及配景，用蓝灰色 BG86、BG87 号马克笔绘制远处的建筑，起到烘托主体建筑的作用。

06 用蓝灰色 BG88 号马克笔绘制低层建筑的玻璃幕墙，丰富建筑的结构、色彩和细节。

❹ 用冷灰色 CG274 号马克笔绘制玻璃窗
❺ 用冷灰色 CG269 号马克笔绘制远处的建筑
❻ 用蓝灰色 BG87 号马克笔绘制远处的建筑
❼ 用蓝灰色 BG87，蓝绿色 BG62、BG106 号马克笔绘制建筑窗子的结构

❽ 将远处的建筑用冷灰色 CG271 号马克笔刻画得更具体些
❾ 用冷灰色 CG271 号马克笔绘制玻璃
❿ 用黄绿色 YG30 号马克笔绘制近景植物

07 用白色马克笔绘制建筑玻璃幕墙上的高光。地面用暖灰色 WG468 号马克笔绘制。乔木、灌木的暗面用绿色 G58、G52、G50 号马克笔绘制。

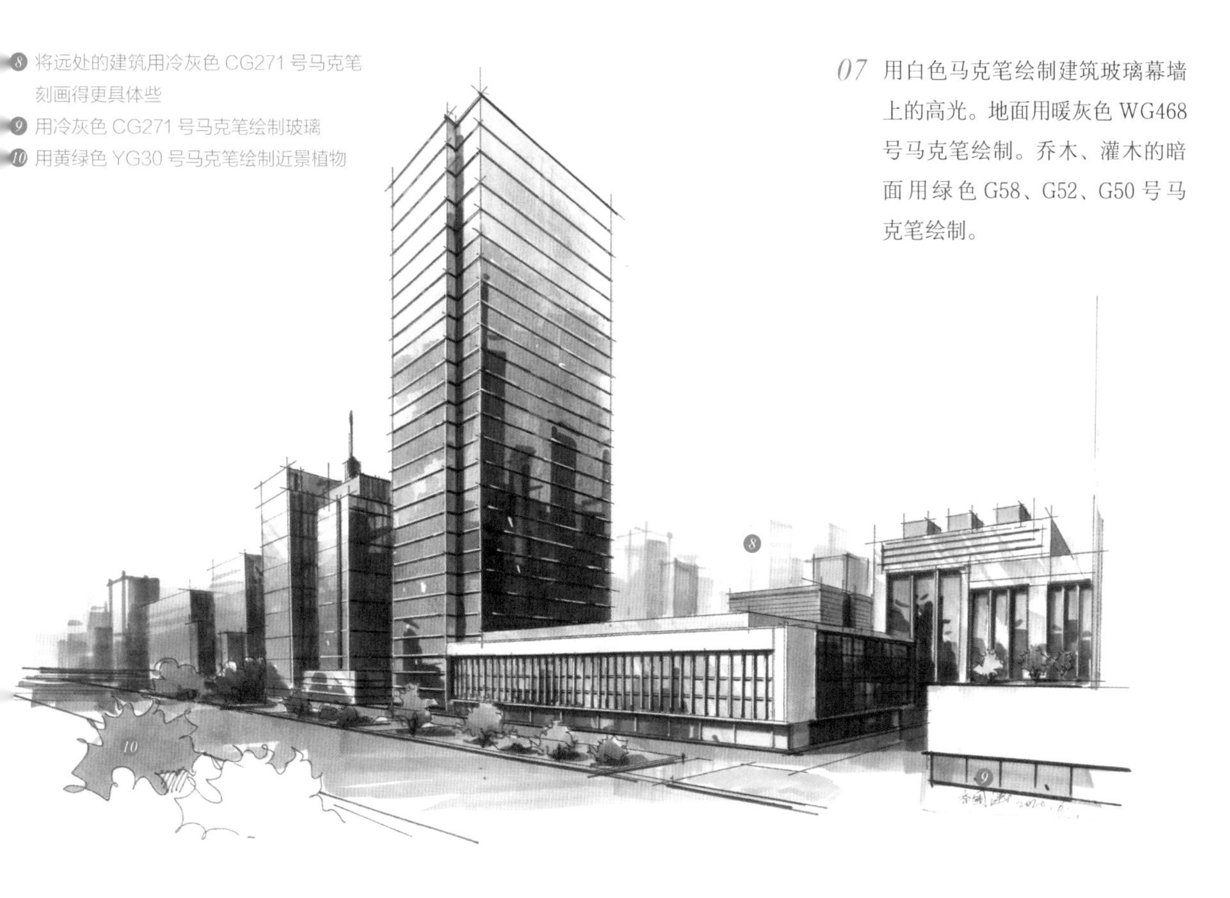

6.3.2 多层办公建筑

案例1

01 用铅笔起稿，要求建筑形体的透视关系、比例基本正确。

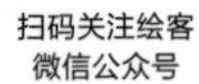

输入 56263 下载
并观看此处视频

02 用 0.05 毫米的针管笔勾画出建筑及植物的墨线稿，要求建筑结构准确、线条流畅。

03 用浅灰色色粉笔绘制左侧建筑，并区分出建筑的明暗面。用浅蓝色、深蓝色色粉笔绘制中间的玻璃，用蓝色 B235 号马克笔以平涂排笔绘制建筑左右两边的玻璃。

❶ 用暖灰色色粉笔绘制建筑外立面，注意涂抹均匀

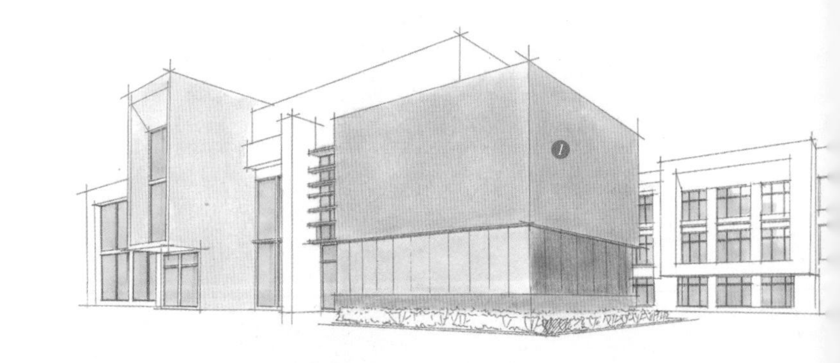

04 用暖灰色 WG467 号马克笔绘制出正确的建筑投影。

❷ 投影应正确地反映出建筑的结构

❸ 用蓝色 B237 号马克笔绘制背光面的玻璃

05 用蓝灰色 BG89 号马克笔画出玻璃中建筑的投影，笔触要工整。用黄绿色 YG24 号马克笔绘制植物。

❹ 玻璃上的投影要能反映建筑结构

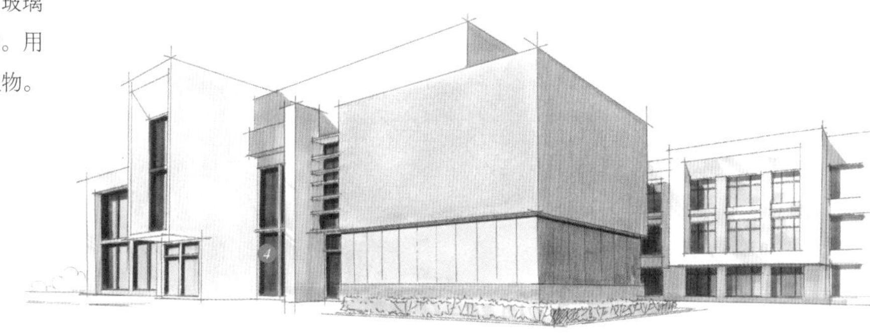

06 用暖灰色 WG464 号马克笔绘制建筑墙面的亮面，以平涂斜排笔表现。用绿色 G52、冷灰色 CG274 号马克笔绘制建筑低层玻璃的反光效果。

❺ 窗框上的投影用冷灰色 CG273 号马克笔绘制

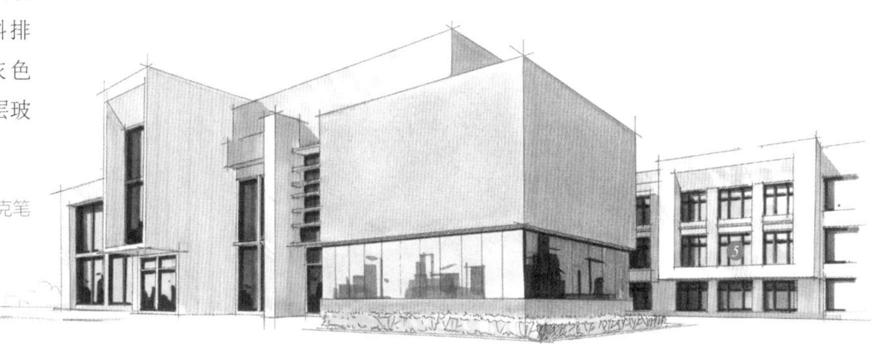

❻ 用橡皮擦擦掉建筑亮面的部分色粉，突出建筑亮面的光影效果

❼ ❽ 用黄绿色 YG30、绿色 G52 号马克笔绘制低层玻璃上的反光效果

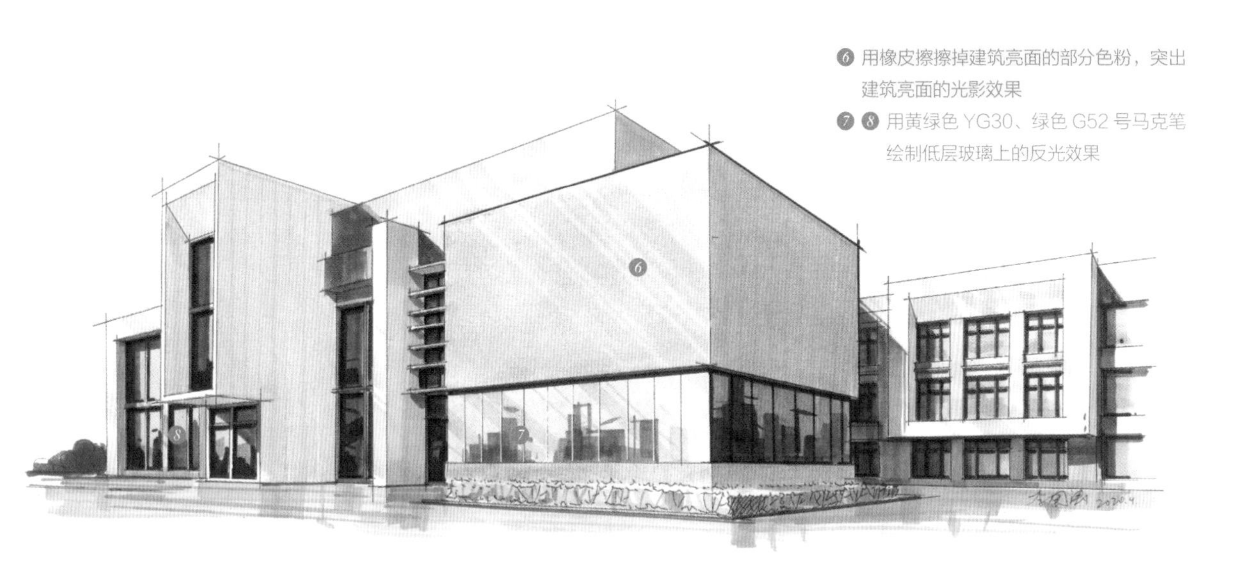

07 用冷灰色 CG274 号马克笔绘制窗框，丰富建筑的细节。用白色马克笔画出窗框的亮面。用暖灰色 WG466、WG467 号马克笔绘制地面。

案例2

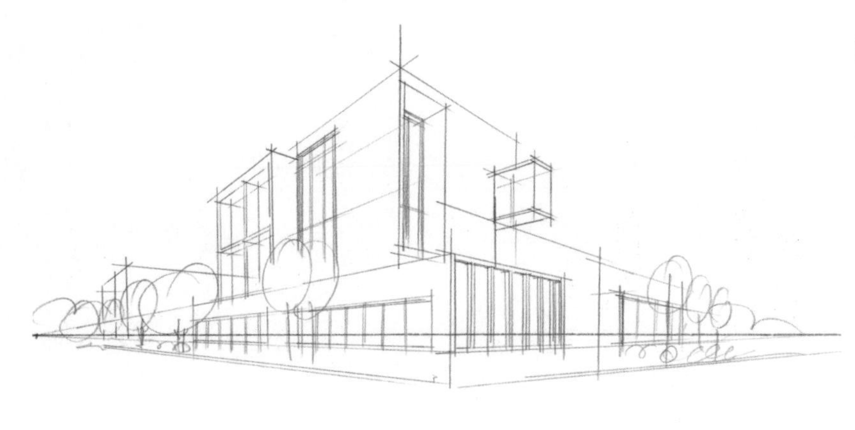

01 用铅笔起稿，要求建筑形体的透视关系、比例基本正确。

02 用 0.05 毫米的针管笔勾画建筑体块和植物墨线稿，同时确定建筑的比例和透视关系。

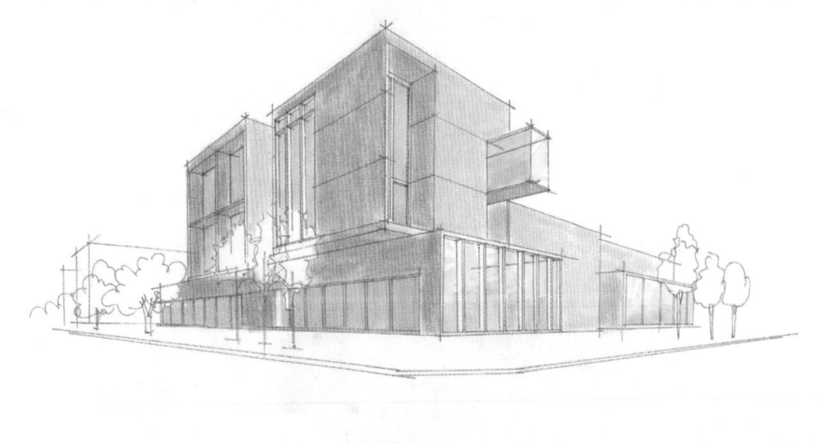

03 用浅灰色、中灰色色粉笔平涂绘制建筑主体，用蓝绿色 BG95、蓝色 B235 号马克笔绘制玻璃，注意亮面和暗面的颜色要有深浅变化。

04 用暖灰色 WG466 号马克笔以平涂排笔绘制建筑暗面，用暖灰色 WG467 号马克笔绘制建筑投影。

05 用绿色 G52、G58、G61 号马克笔绘制暗面植物，用黄绿色 YG24 号马克笔绘制亮面植物，亮面用暖绿色，暗面用冷绿色。用蓝绿色 BG106 号马克笔绘制建筑在玻璃上的投影。

06 用暖灰色 WG466 号马克笔绘制地面，用暖灰色 WG467 号马克笔绘制建筑的投影。用冷灰色 CG270 号马克笔绘制远处的建筑物，遵守“近暖远冷”的色彩原则。建筑左右两侧的植物用绿色 G52 号马克笔绘制。

❶ 用蓝绿色 BG107 号马克笔绘制窗框

07 绘制玻璃上的反光效果，使画面更有空间感。

案例3

01 用铅笔起稿，要求建筑形体的透视关系、比例基本正确。

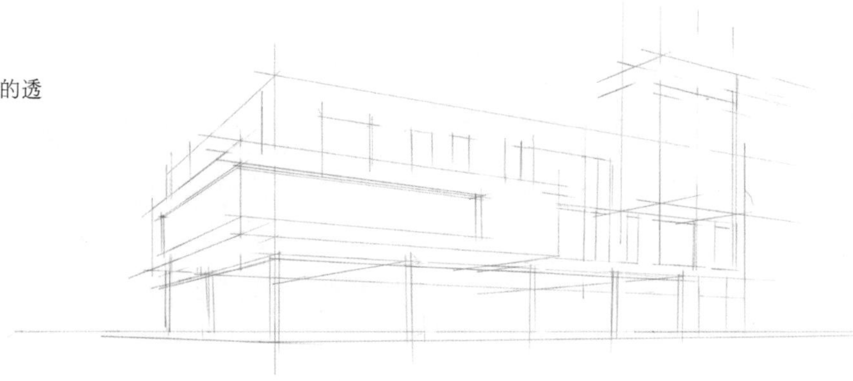

02 用 0.05 毫米的针管笔勾画建筑墨线稿，要求透视关系、结构正确，线条流畅、干净。

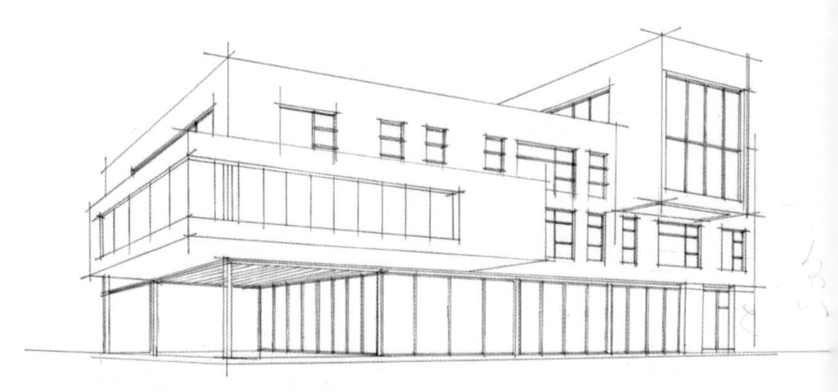

03 用中黄色、中灰色、浅灰色色粉笔画建筑主体，要求色粉平涂均匀并突出建筑的明暗对比。在建筑左侧画出远处的建筑体块，起到丰富画面的作用。

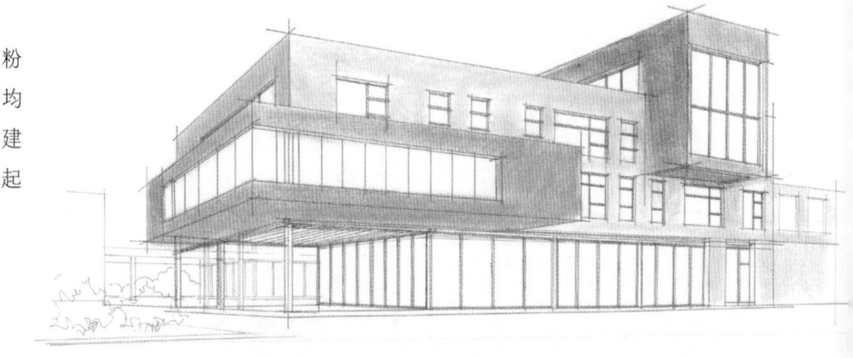

04 用蓝绿色 BG95 号马克笔绘制建筑玻璃亮面，用蓝色 B237 号马克笔绘制建筑玻璃暗面，玻璃亮面和暗面采用同色系不同明度的蓝色来表现。

05 用红色 R144 号马克笔以平涂排笔绘制建筑主体，建筑暗面画上两遍色，注意明暗对比。

❶❷ 用棕色 E247 号马克笔绘制建筑暗面

06 用蓝绿色 BG106、BG107、BG62，蓝灰色 BG88、BG89 号马克笔绘制玻璃的反光效果，运笔要灵活，画出建筑主体上的光影效果。远处的植物用绿灰色 GG65 号马克笔绘制。

❸ 用冷灰色 CG273 号马克笔绘制窗框

❹ 用红色 R144 号马克笔绘制建筑亮面的光影

❺ 用棕色 E169 号马克笔绘制建筑暗面与投影

07 用蓝绿色 BG106、BG107、冷灰色 CG272 号马克笔绘制玻璃的反光效果，丰富玻璃细节。

08 用蓝色 B240、蓝绿色 BG95、蓝紫色 BV109 号马克笔绘制天空，用蓝色 B240、蓝绿色 BG95、蓝紫色 BV109、黑色 191 号马克笔绘制玻璃上的反光效果。建筑两侧远处的植物用绿色 G58、G50 号马克笔绘制。用暖灰色 WG466、WG467 号马克笔绘制地面。

6.4 展馆建筑表现技法

6.4.1 现代美术馆

案例1

01 用铅笔起稿，画出建筑体块，要求透视关系、比例、结构正确。

扫码关注绘客微信公众号

输入 56263 下载并观看此处视频

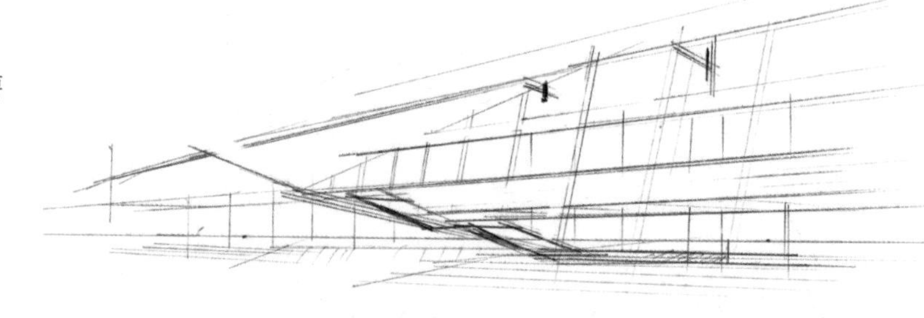

02 用 0.05 毫米的针管笔勾画建筑及植物墨线稿，注意画出正确的墙面纹理。

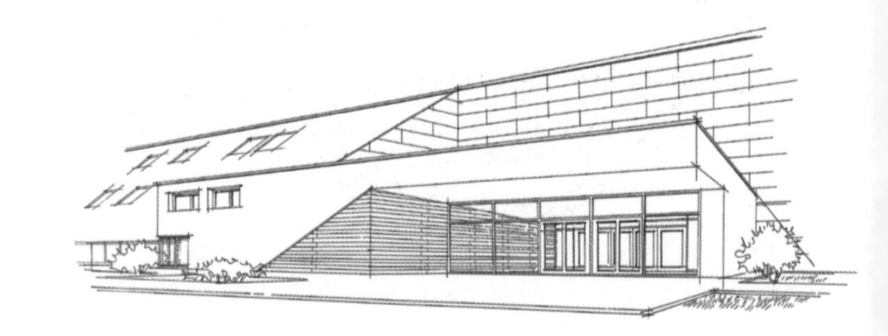

03 用砖红色色粉笔、暖灰色 WG465、WG468，棕色 E168 号马克笔以平涂排笔绘制墙面。

❶ 用砖红色色粉笔平涂时，要涂均匀

04 用蓝色 B235、B242 号马克笔绘制玻璃。

❷ 门里面的玻璃要先画出来
❸ 用蓝色 B235、B242 号马克笔与墙面颜色叠加，呈现丰富的效果
❹ 用棕色 E168 号马克笔叠加表现墙面细节

05 用蓝灰色 BG89 号马克笔绘制建筑屋顶，用黄绿色 YG24、YG27、YG37 号马克笔绘制植物，用绿色 G52 号马克笔绘制草坪。

❺ 用棕色 E173 号马克笔绘制砖块的颜色
❻ 用棕色 E168 号马克笔绘制砖块的颜色

❼ 用暖灰色 WG465 号马克笔叠加表现墙面细节
❽ 用冷灰色 CG274 号马克笔绘制暗部玻璃
❾ 用红色 R144 号马克笔叠加表现墙面细节，再用白色马克笔画出高光

06 用冷灰色 CG273 号马克笔绘制建筑窗框投射到玻璃上的阴影，绘制建筑入口处的玻璃时，要画出内、外两层玻璃的效果。用暖灰色 WG466 号马克笔绘制地面。

案例2

01 用铅笔起稿，要求建筑形体的透视关系、比例基本正确。

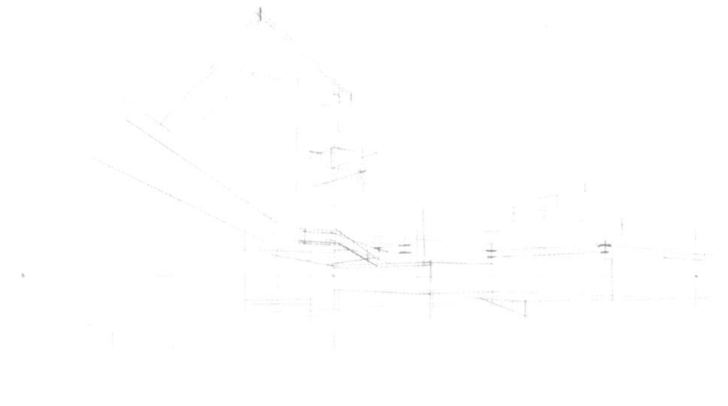

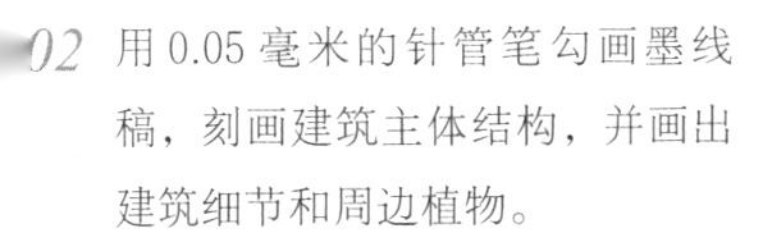

02 用 0.05 毫米的针管笔勾画墨线稿，刻画建筑主体结构，并画出建筑细节和周边植物。

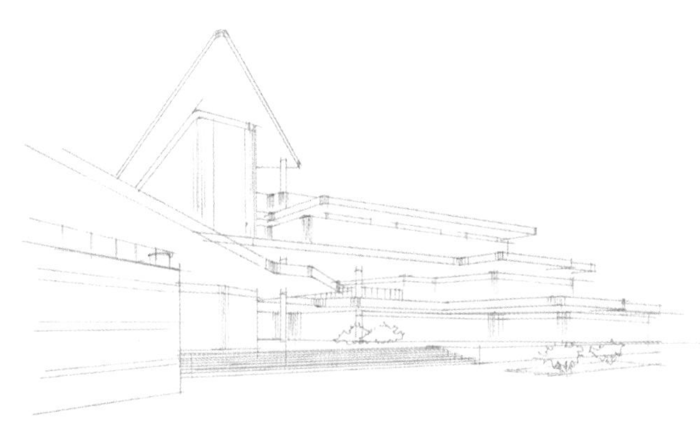

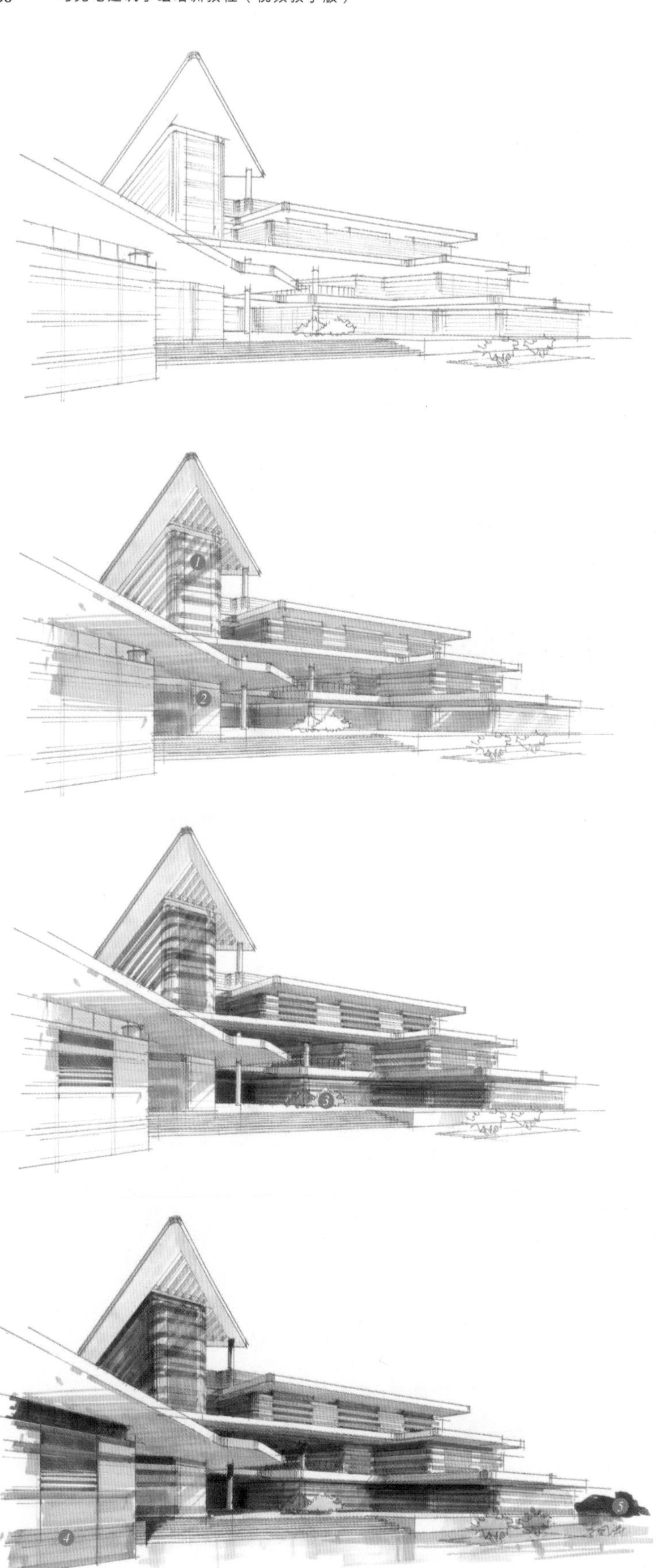

03 丰富建筑细节，完善建筑整体形象。

04 用暖灰色 WG466、WG467 号马克笔绘制建筑主体，注意建筑的明暗对比关系。用蓝绿色 BG95 号马克笔绘制玻璃。

❶ ❷ 用暖灰色 WG466 号马克笔绘制屋檐的投影

05 用暖灰色 WG467、WG468 号马克笔逐渐加深建筑暗面和阴影，用棕色 E168、E169 号马克笔绘制墙体，丰富画面，增强建筑的空间感。

❸ 用黄绿色 YG24、YG27 号马克笔绘制植物

06 用蓝绿色 BG106、BG107 号马克笔逐渐加深暗面玻璃的颜色。用黄绿色 YG24、YG26 号马克笔绘制植物。用暖灰色 WG465 号马克笔绘制地面。

❹ 用红色 R143 号马克笔绘制墙体

❺ 用绿色 G58、G50 号马克笔绘制植物

07 用黑色 191、暖灰色 WG471 号马克笔和白色马克笔刻画建筑的细节，使画面效果更好。

❻ ❼ 用白色马克笔画出建筑亮面的细节
❽ 用黑色 191、暖灰色 WG471 号马克笔刻画建筑细节

案例3

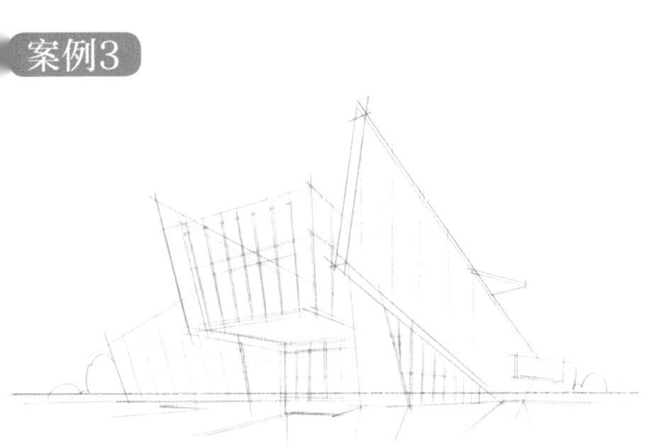

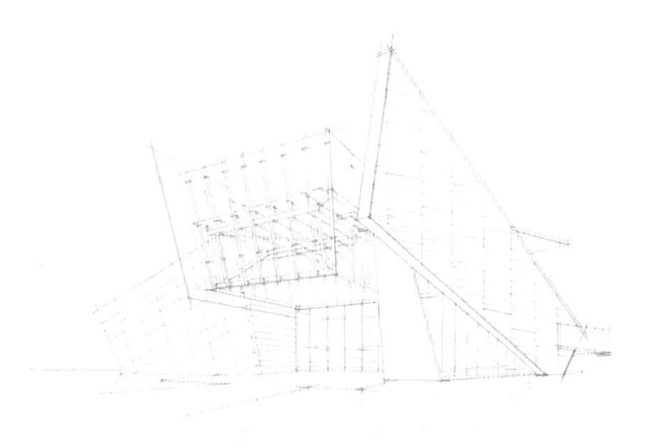

01 用铅笔起稿，要求建筑形体的透视关系、比例基本正确。

02 用 0.05 毫米的针管笔勾画建筑墨线稿，要求线条流畅，透视关系和结构准确。

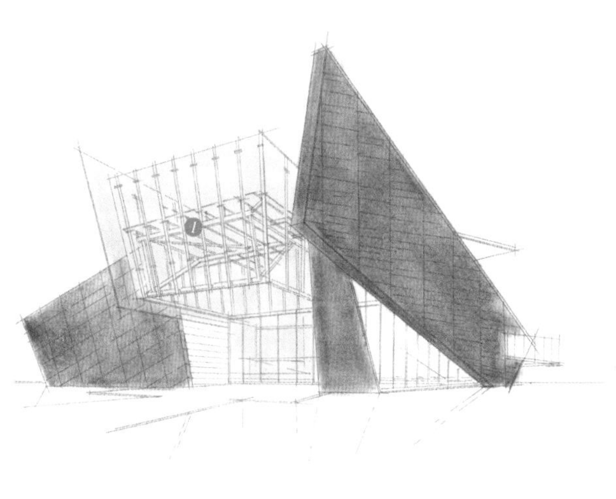

03 用深棕色色粉笔画建筑墙面，用浅蓝色色粉笔画玻璃，色粉要涂抹均匀。

❶ 大面积上底色时可以不用分清玻璃的明暗关系，但要把颜色涂抹均匀

04 用蓝绿色 BG84、绿色 G57 号马克笔绘制玻璃暗面。

❷ 在浅蓝色色粉笔的基础上加深玻璃颜色
❸ 用蓝绿色 BG106、BG107 号马克笔绘制室内的效果

05 用蓝灰色 BG88、BG89 号马克笔绘制玻璃内部的金属钢架结构，用蓝绿色 BG106、BG73 号马克笔绘制内部玻璃。

❹ 画金属钢架的结构时注意不能画到玻璃外面去
❺ 用暖灰色 WG467 号马克笔绘制暗面的墙体
❻ 用炭灰色 TG253 号马克笔绘制建筑屋檐
❼ 用暖灰色 WG466、WG467 号马克笔绘制墙面

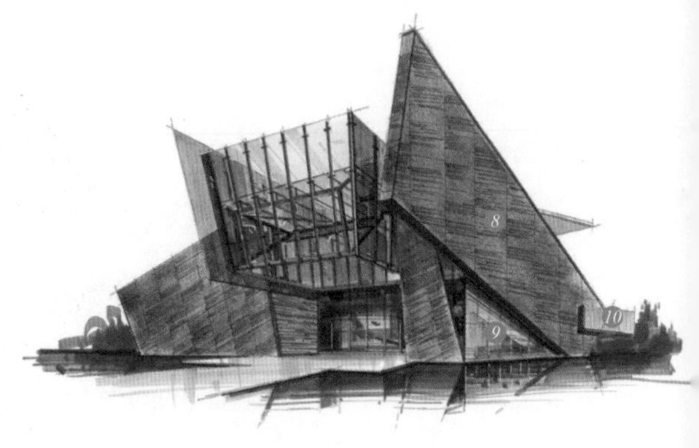

06 用蓝绿色 BG106、BG107，绿色 G52、G50，冷灰色 CG272、CG273 号马克笔绘制建筑在水面上的倒影。用暖灰色 WG466 号马克笔绘制地面。用绿色 G52、G61 号马克笔绘制建筑周边的植物。

❽ 用暖灰色 WG466、WG467 号马克笔绘制墙面花纹
❾ 用蓝绿色 BG62、BG87 号马克笔绘制玻璃内部
❿ 用蓝色 B235 号马克笔绘制玻璃

07 用蓝色 B235、B240 号马克笔绘制天空，水面和暗面的玻璃用蓝紫色 BV109 号马克笔再上一遍色，使颜色更有层次感，起到烘托建筑主体的作用。

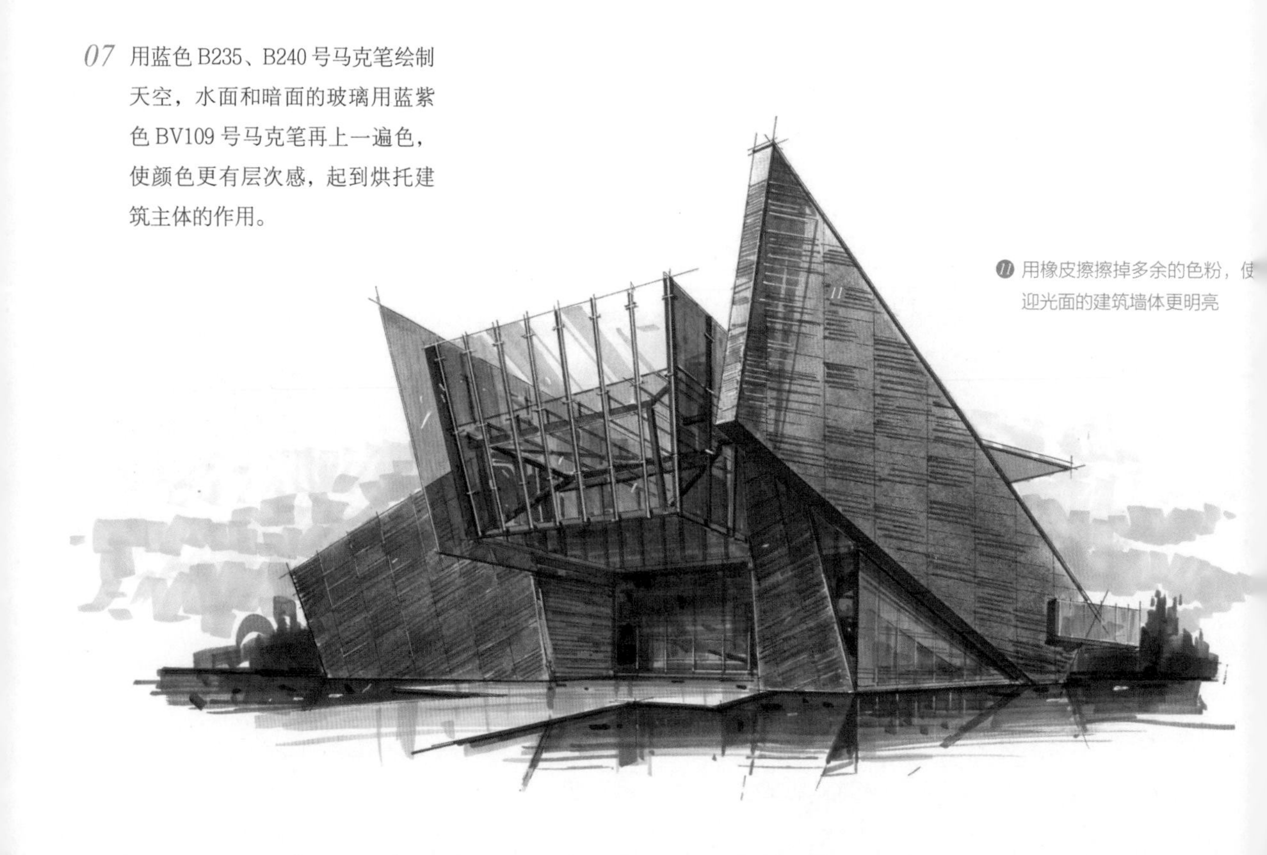

⓫ 用橡皮擦擦掉多余的色粉，使迎光面的建筑墙体更明亮

6.4.2 科技展览馆

案例1

01 用铅笔起稿，要求建筑形体的透视关系、比例基本正确。

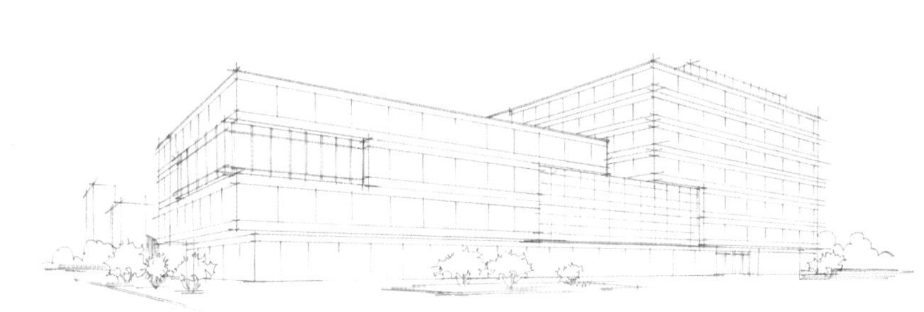

02 用 0.05 毫米针管笔勾画出建筑体块及周围植物的墨线稿，注意直线条的粗细变化。

03 用浅蓝色和深蓝色色粉笔勾画建筑主体玻璃幕墙。

04 用蓝绿色 BG106 号马克笔绘制建筑投影的颜色，重点注意建筑投影的位置。用两种灰色分别绘制近处和远处的建筑墙面。用黄绿色 YG24、YG26、YG37，蓝紫色 BV109 号马克笔绘制近景植物。用蓝绿色 BG107、绿色 B52 号马克笔绘制远处的植物。

❶ 用暖灰色 WG463 号马克笔绘制近处的建筑墙面
❷ 用冷灰色 CG270 号马克笔绘制远处的建筑墙面

05 用冷灰色 CG273 号马克笔绘制窗框，用绿色 G52、G50、G58 号马克笔绘制建筑低层玻璃上的反光效果。用黄绿色 YG37 号马克笔绘制草地上的投影。用蓝绿色 BG96 号马克笔以平涂斜排笔绘制玻璃幕墙上的光线效果。用暖灰色 WG465 号马克笔绘制地面。

❸ 用蓝绿色 BG233 号马克笔以平涂斜排笔绘制玻璃幕墙

06 用蓝绿色 BG233 号马克笔绘制天空，注意天空的蓝色与玻璃的蓝色要有区别。

❹ 用蓝绿色 BG233 号马克笔以平涂斜排笔绘制玻璃幕墙

❺ 用冷灰色 CG270 号马克笔绘制建筑的亮面

07 用绿色 G52、G50 号马克笔细致刻画建筑底层玻璃上的反光，使画面效果更加完整。用蓝紫色 BV109 号马克笔绘制天空。用冷灰色 CG274 号马克笔绘制窗框。

案例2

01 用铅笔起稿，要求建筑形体的透视关系、比例基本正确。

02 用 0.05 毫米的针管笔勾画建筑结构及周围植物的墨线稿。

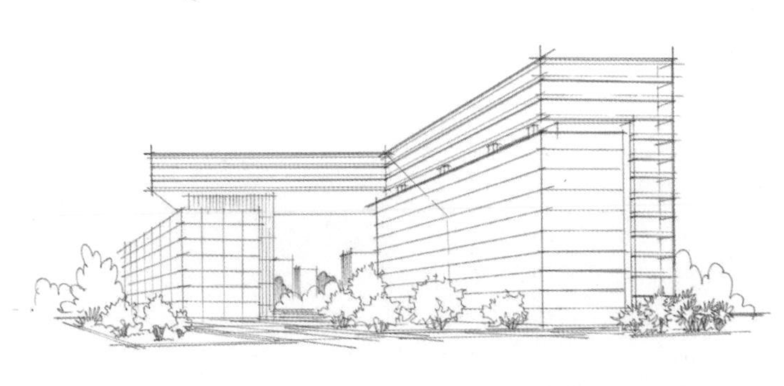

03 用浅蓝色色粉笔绘制建筑，色粉要涂抹均匀。

04 用蓝绿色 BG233、BG84 号马克笔绘制建筑暗面（也就是玻璃幕墙的暗面）。

❶ 用蓝绿色 BG95 号马克笔，以平涂斜排笔绘制玻璃幕墙上的光线效果

05 用蓝绿色 BG106、BG107，绿色 G52、G50 号马克笔绘制建筑玻璃幕墙的反光效果。

❷ 玻璃上反光的形状和色彩要美观，颜色变化要有层次

❸ 用蓝绿色 BG106、BG107 号马克笔绘制玻璃暗部

06 用黄绿色 YG24、YG26、YG37，紫色 V119 号马克笔绘制建筑前面的植物，用蓝绿色 BG106、BG107 号马克笔绘制远处的植物，同样遵循“近暖远冷”的色彩原则。

❹ 用冷灰色 CG271 号马克笔绘制远处的建筑

07 用冷灰色 CG274、黑色 191 号马克笔刻画建筑细节，用白色马克笔画出建筑的高光，重点加强玻璃幕墙的结构。用暖灰色 WG466、WG467 号马克笔绘制地面，用黄绿色 YG24、YG26、YG37 号马克笔绘制草坪。

 6.5 中式建筑表现技法

扫码关注绘客
微信公众号
输入 56263 下载
并观看此处视频

新中式建筑

案例

01 用铅笔起稿，要求建筑形体的透视关系、结构基本正确。

02 用 0.05 毫米针管笔勾画新中式建筑的墨线稿，要求建筑形体、透视关系、比例、结构基本正确。

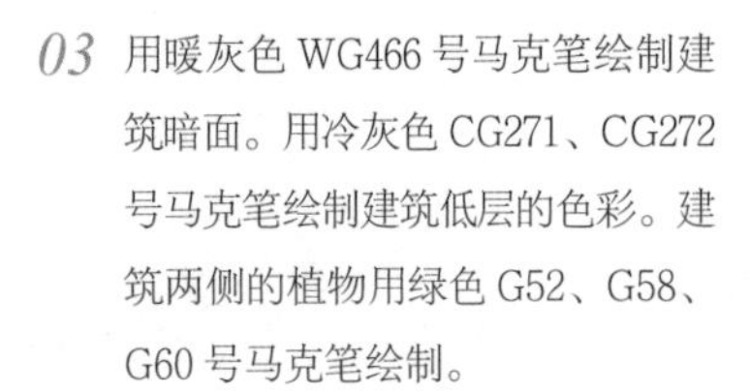

03 用暖灰色 WG466 号马克笔绘制建筑暗面。用冷灰色 CG271、CG272 号马克笔绘制建筑低层的色彩。建筑两侧的植物用绿色 G52、G58、G60 号马克笔绘制。

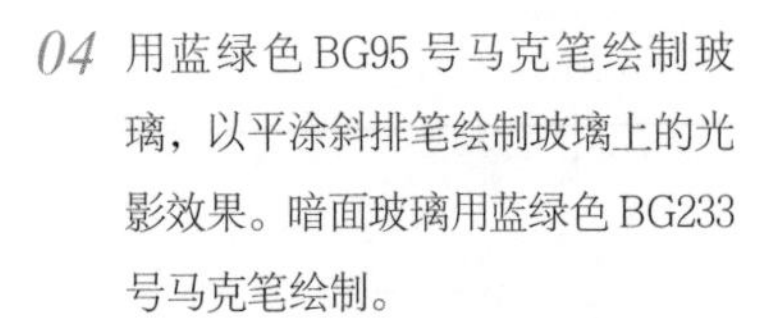

04 用蓝绿色 BG95 号马克笔绘制玻璃，以平涂斜排笔绘制玻璃上的光影效果。暗面玻璃用蓝绿色 BG233 号马克笔绘制。

05 用冷灰色 CG271、CG272 号马克笔绘制建筑屋顶，要求马克笔的笔触工整。用暖灰色 WG464 号马克笔绘制建筑迎光面的墙体。

❶ 屋顶的光影与玻璃的光影要基本一致
❷ 用暖灰色 WG466 号马克笔绘制暗处的建筑

❸ 用绿色 G52、G50 号马克笔绘制建筑低层玻璃的反光效果

06 用蓝色 B235 号马克笔绘制天空，用绿色 G58、G52、G56 号马克笔绘制低层玻璃的反光效果。窗框亮面用冷灰色 CG269 号马克笔绘制，窗框的暗面、投影用冷灰色 CG272、CG273 号马克笔绘制。用黄绿色 YG24、YG26 号马克笔绘制草坪。

6.6 综合建筑表现技法

商业街

案例

01 用铅笔起稿，要求建筑形体的视平线的位置、透视关系、比例基本正确。

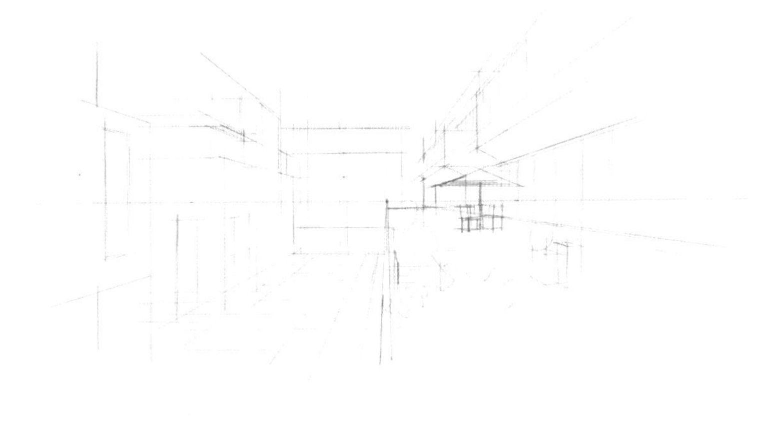

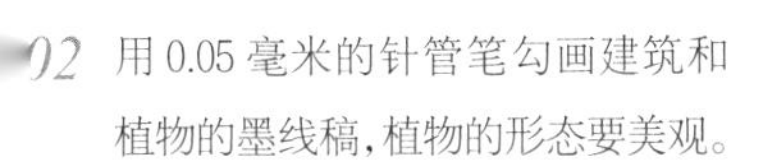

02 用 0.05 毫米的针管笔勾画建筑和植物的墨线稿，植物的形态要美观。

03 用红色 R144、R140 号马克笔绘制建筑主体，注意运笔方向。

04 用蓝绿色 BG95、BG233 号马克笔绘制玻璃，主要使用平涂排笔进行绘制。用暖灰色 WG465、WG466、WG467 号马克笔绘制墙面和地面。用绿色 G57、G52 号马克笔绘制遮阳伞。用冷灰色 CG270、CG272 号马克笔绘制花坛。

❶ 用棕色 E173 号马克笔绘制露台地面

05 用蓝灰色 BG88、BG89 号马克笔绘制建筑的暗面与建筑的投影，增强建筑的空间感。用黄绿色 YG24、YG26、YG37 号马克笔绘制植物。

❷ 用绿色 G52、G50 号马克笔细致刻画建筑低层玻璃的反光效果

06 用冷灰色 CG273 号马克笔绘制窗框，起到丰富建筑细节的作用。用暖灰色 WG467 号马克笔绘制地面投影。

07 用绿灰色 GG65 号马克笔绘制远景建筑，用冷灰色 CG273 号马克笔绘制地面拼图，使建筑效果图更加美观。

③ 用绿色 G52、G50 号马克笔绘制玻璃中反射的遮阳伞的效果

6.7 建筑鸟瞰图表现技法

6.7.1 校园建筑鸟瞰图

案例

扫码关注绘客微信公众号

输入 56263 下载并观看此处视频

01 用铅笔画线稿，要求准确画出建筑形体。

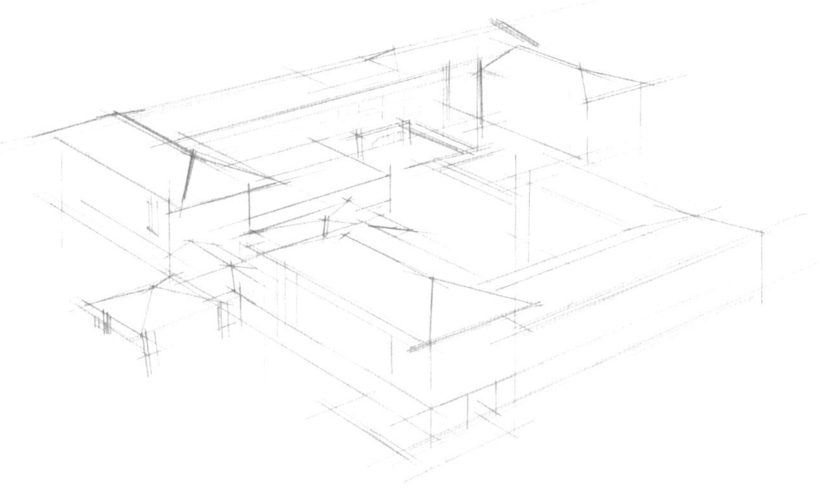

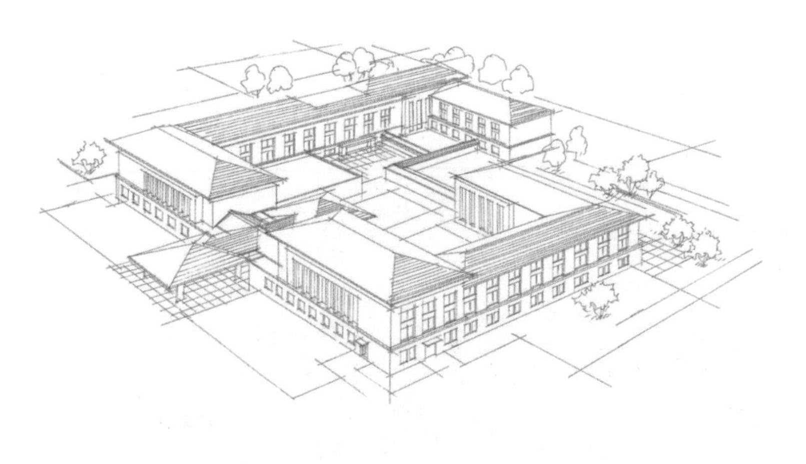

02 用0.05毫米的针管笔画出建筑结构和植物的墨线稿。

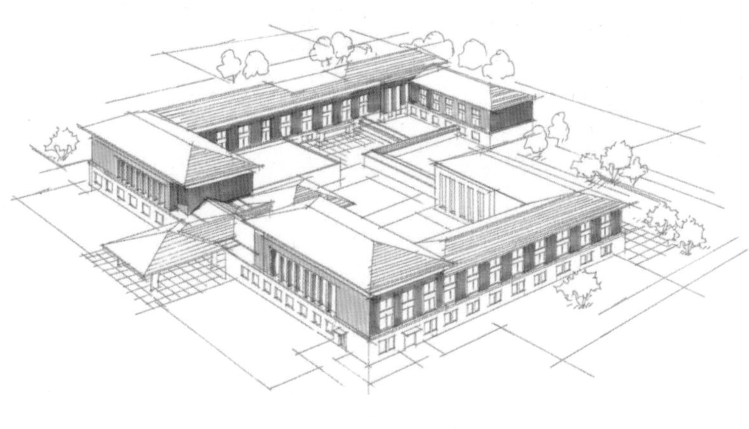

03 用红色R144、R140号马克笔绘制建筑主体颜色，注意区分出建筑的明暗面。

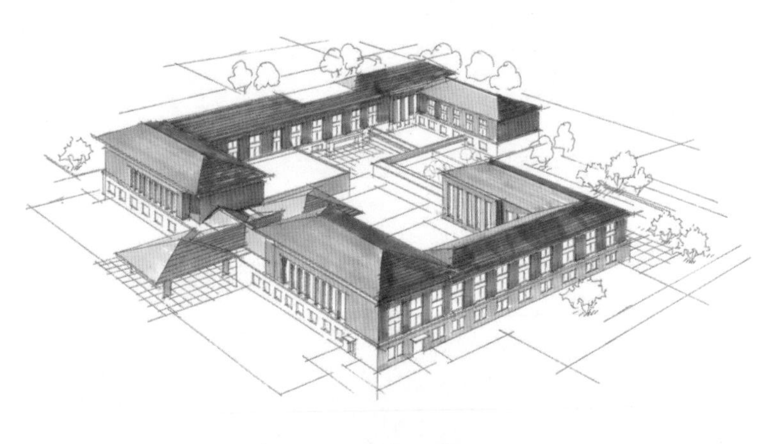

04 用冷灰色CG271、CG272号马克笔绘制建筑的屋顶。用暖灰色WG466号马克笔绘制低层墙体。

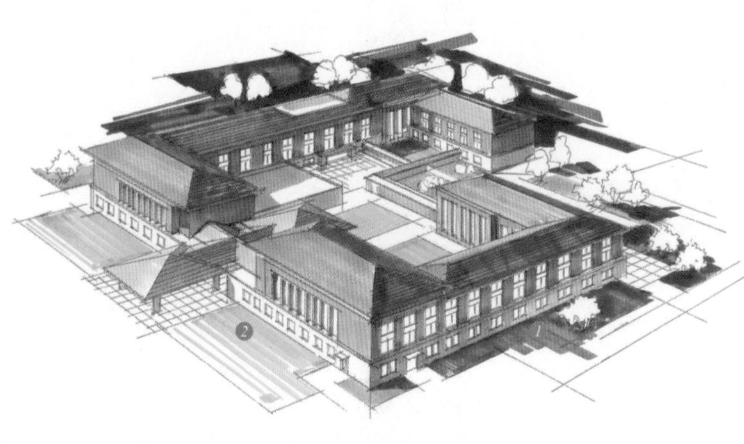

05 用绿色G52、G50号马克笔绘制远处的草坪，用黄绿色YG24、YG16号马克笔绘制近处的草坪，要遵循“近暖远冷”的色彩原则。投影的位置也要绘制出来。

❶ ❷ 画绿色草坪时，应顺着建筑的结构运笔

06 用蓝绿色 BG233、BG106 号马克笔绘制玻璃亮面与暗面，用暖灰色 WG468 号马克笔绘制建筑投影和路面。用黄绿色 YG16、YG24、YG26、YG37 号马克笔绘制乔木。用绿色 G52、G50 号马克笔绘制乔木的投影。

❸ ❹ 建筑投影的面积大小可以反映光线的角度和建筑的高度、体积

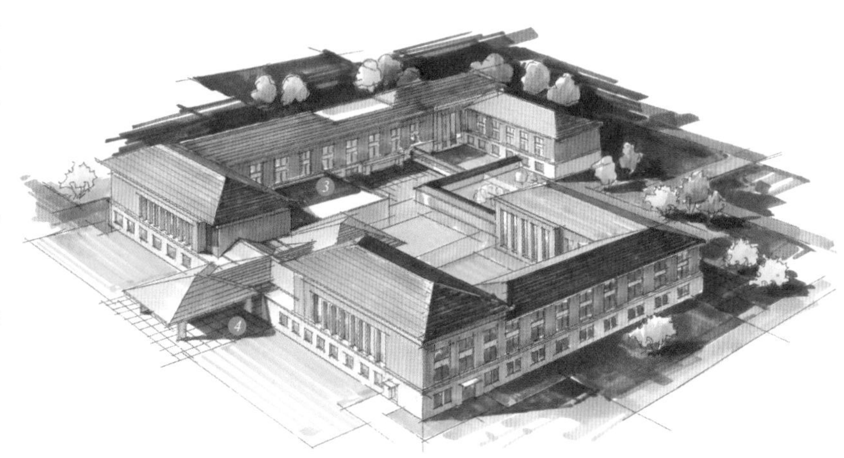

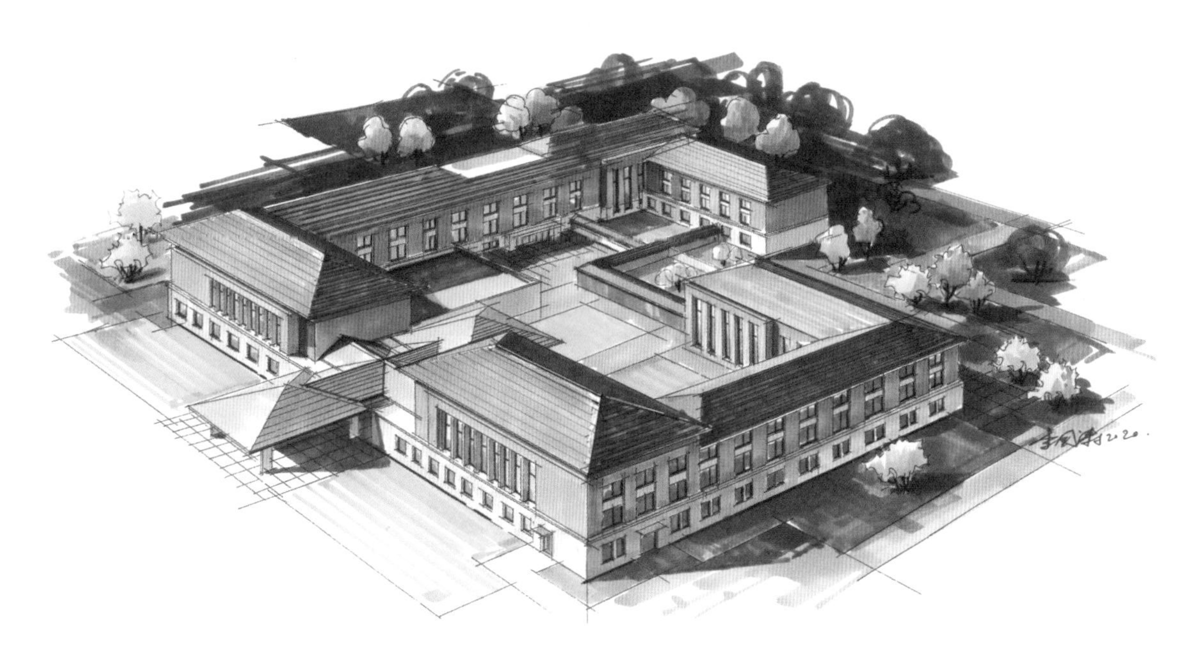

07 用冷灰色 CG273 号马克笔绘制窗框投影，用蓝绿色 BG96 号马克笔绘制雨棚。多画几棵乔木以丰富画面，完善建筑效果图的细节。

6.7.2 住宅建筑鸟瞰图

案例

01 用铅笔起稿，勾画出建筑的基本结构，找准比例。

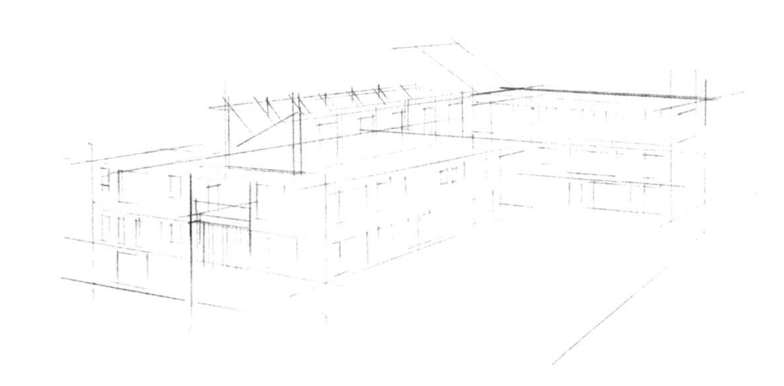

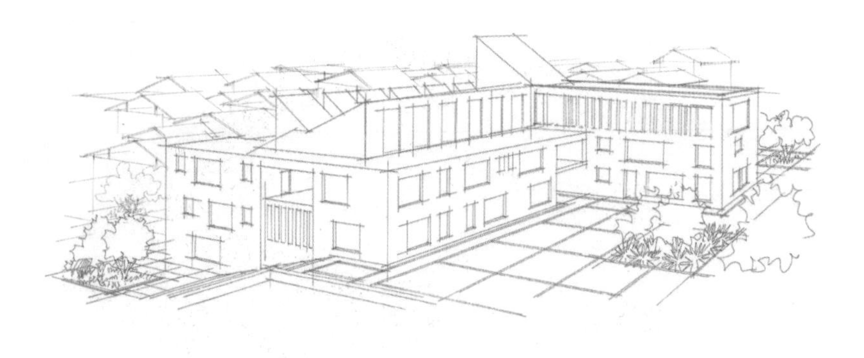

02 用 0.05 毫米的针管笔勾画出建筑及植物的墨线稿，找准比例和透视关系。远处的建筑也大体绘制一下。

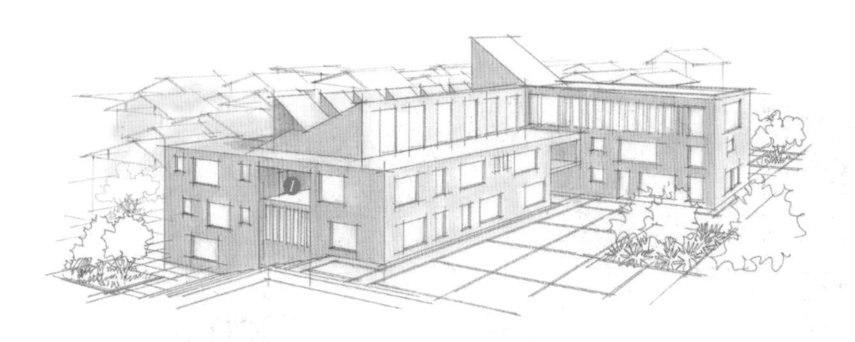

03 用浅灰色、中灰色色粉笔画出建筑主体，注意区分建筑的明暗面。

❶ 用冷灰色 CG269 号马克笔绘制建筑暗面

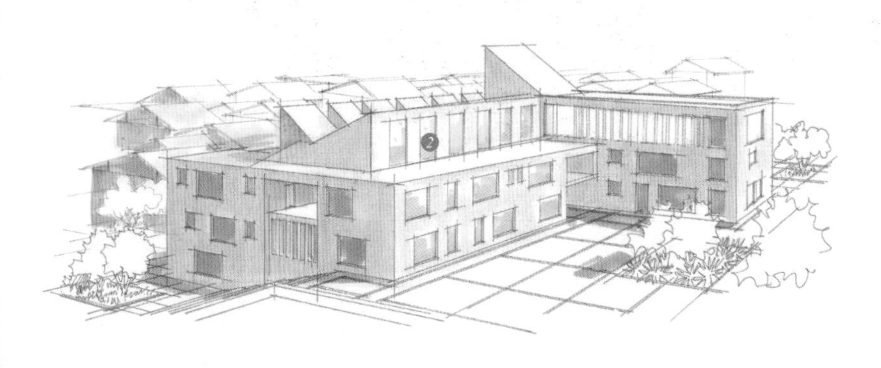

04 亮面玻璃用蓝绿色 BG96 号马克笔绘制，暗面玻璃用蓝绿色 BG233、BG84 号马克笔绘制。用暖灰色 WG465、WG466 号马克笔绘制地面上的投影与远处的建筑。

❷ 亮面玻璃上要适当留白，突出光感

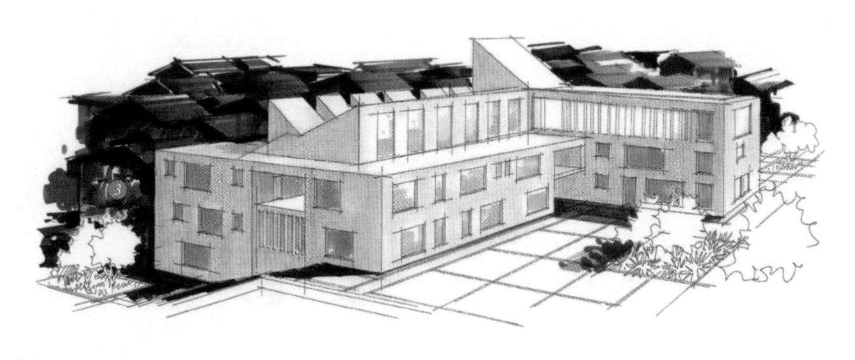

05 用暖灰色 WG469、WG470、WG471 号马克笔绘制远处的老旧建筑。用暖灰色 WG470 号马克笔绘制建筑的投影，起到陪衬主体建筑的作用。

❸ 用绿色 G58 号马克笔绘制乔木

06 用黄绿色 YG24、YG26、YG37、YG228，紫色 V206 号马克笔绘制植物，用暖灰色 WG466 号马克笔绘制地面。画地面时，笔触要随透视方向改变。用蓝绿色 BG84 号马克笔绘制暗面玻璃。

④ 用深色背景衬托出主体建筑的“白”

⑤ 用冷灰色 CG274 号马克笔绘制地面的拼花

⑥ 用绿色 G52、G50 号马克笔绘制建筑低层玻璃的反光效果

07 用黑色 191 号马克笔绘制玻璃窗框结构，用绿色 G60、G61 号马克笔绘制植物的暗面。

6.7.3 办公楼鸟瞰图

案例

01 用铅笔起稿，要求建筑形体的视平线、透视关系、比例基本正确。

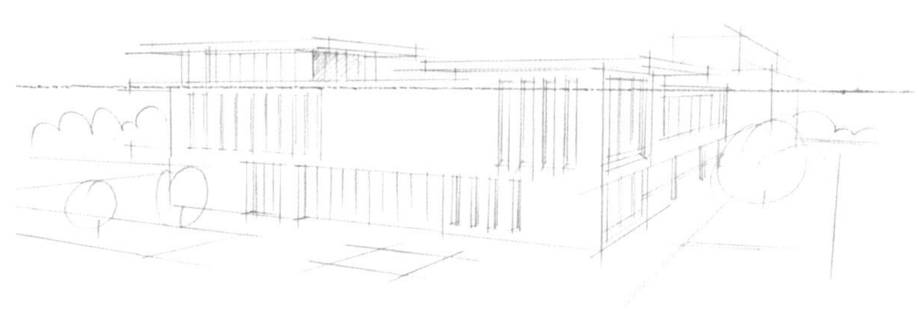

02 用 0.05 毫米的针管笔勾画出建筑及植物的墨线稿，找准比例和透视关系。

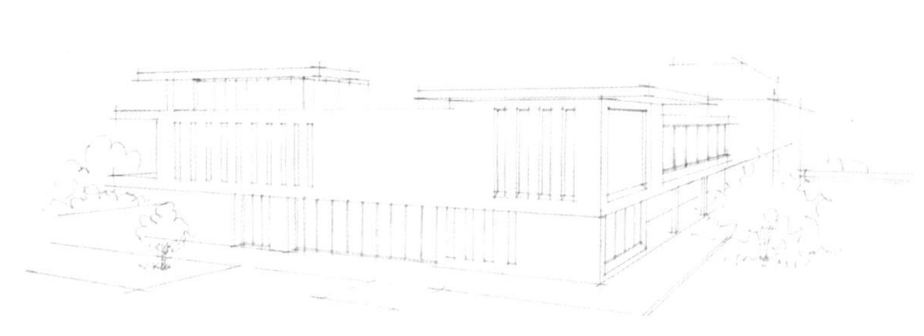

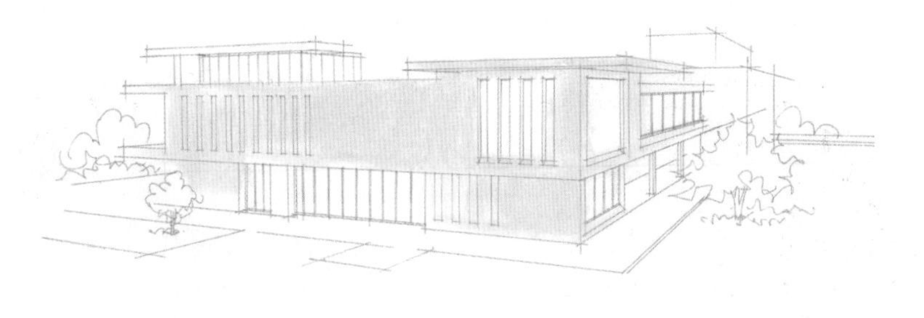

03 用暖灰色色粉笔画出建筑主体，注意不要画到线稿外。

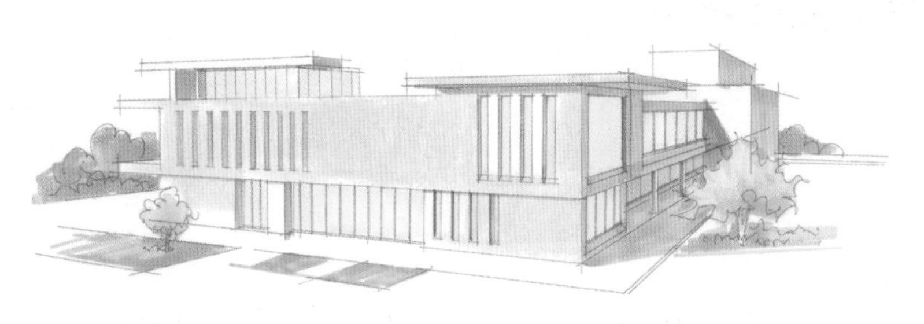

04 用蓝绿色 BG95 号马克笔绘制玻璃，用黄绿色 YG24、YG26，绿色 G56、G60 号马克笔绘制植物。用暖灰色 WG466 号马克笔绘制建筑的暗面与投影。

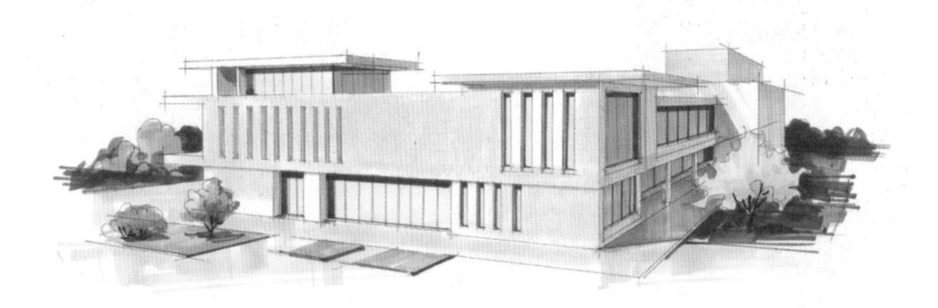

05 用绿色 G58、G52、G50 号马克笔绘制植物暗面的投影，用绿色 G58、G50 号马克笔绘制建筑投射到玻璃和地面上的投影。暗面玻璃用蓝绿色 BG84 号马克笔绘制。用暖灰色 WG465 号马克笔以平涂排笔绘制地面。

06 用绿色 G52、G50、G60、蓝灰色 BG88 号马克笔绘制建筑低层玻璃的反光效果。

❶ 用绿色 G52、G50 号马克笔绘制建筑低层玻璃的反光效果

❷ 用绿色 G52、G58 号马克笔绘制远景乔木

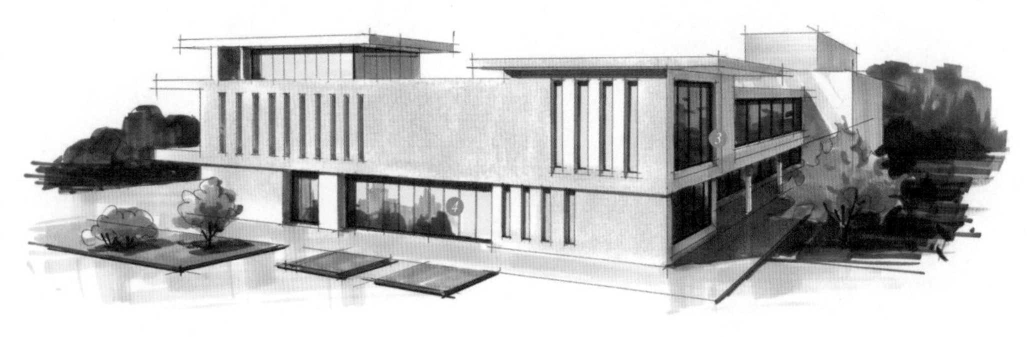

❸ 用绿色 G52、G50 号马克笔绘制建筑暗面玻璃的反光效果

❹ 用绿色 G60 号马克笔补充玻璃上的反光效果

07 用黑色 191 号马克笔绘制窗框结构，完善玻璃上的反光效果。用暖灰色 WG470 号马克笔绘制地面上的投影。

第7章

作品赏析

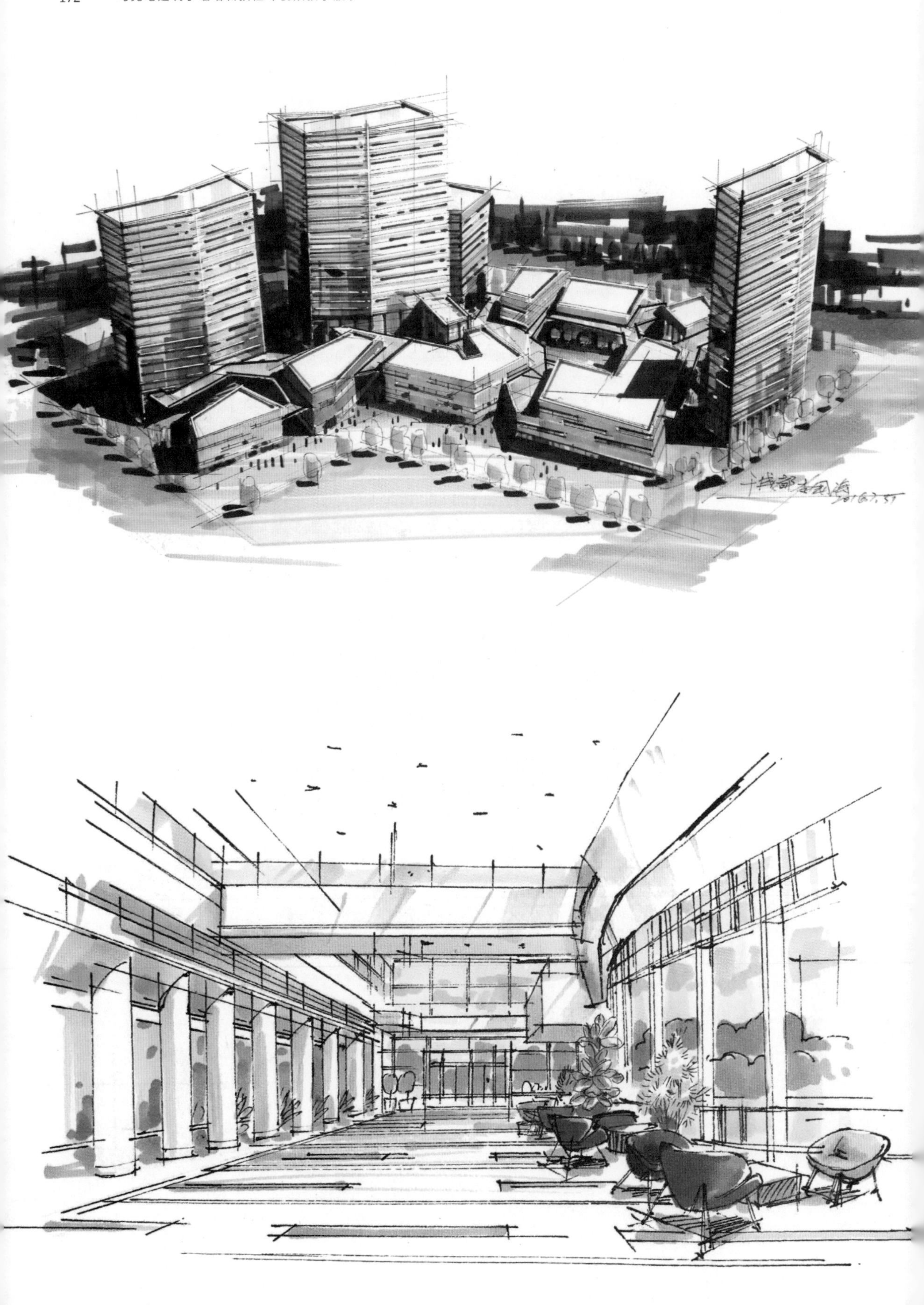

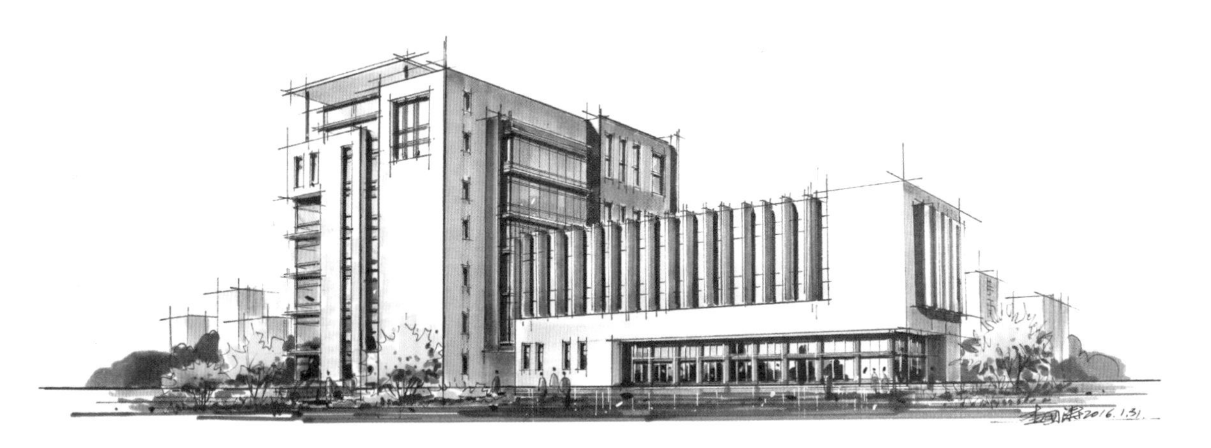

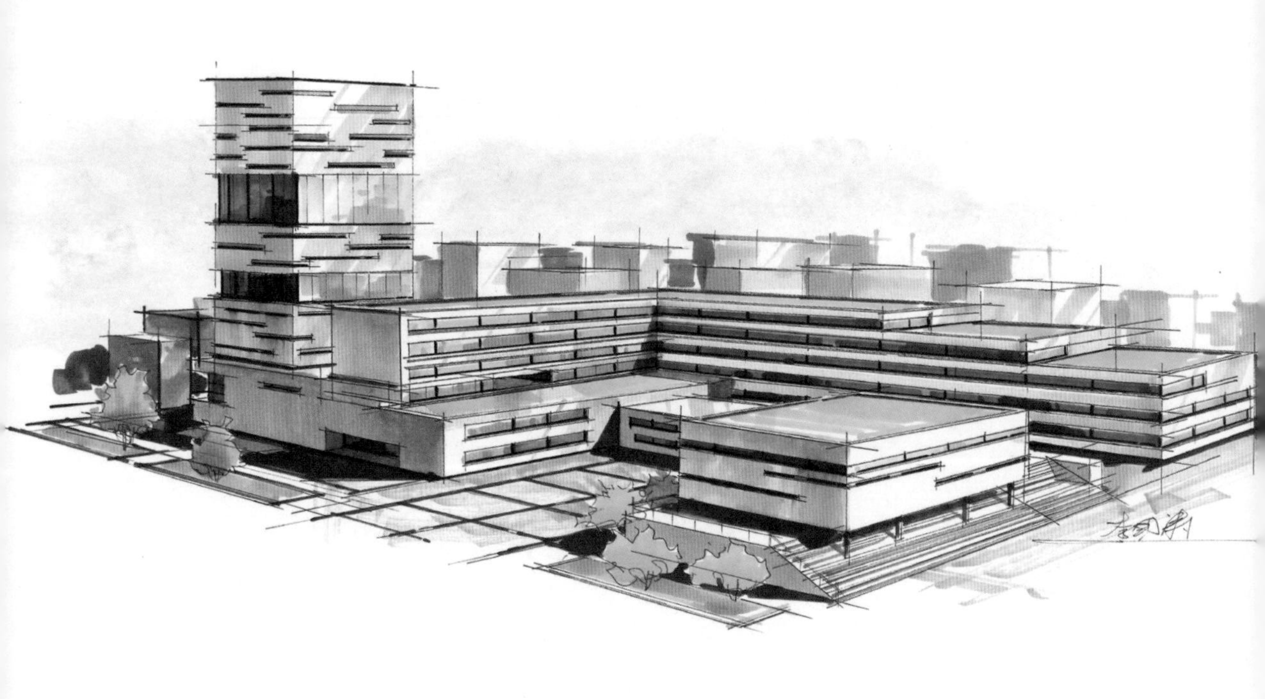

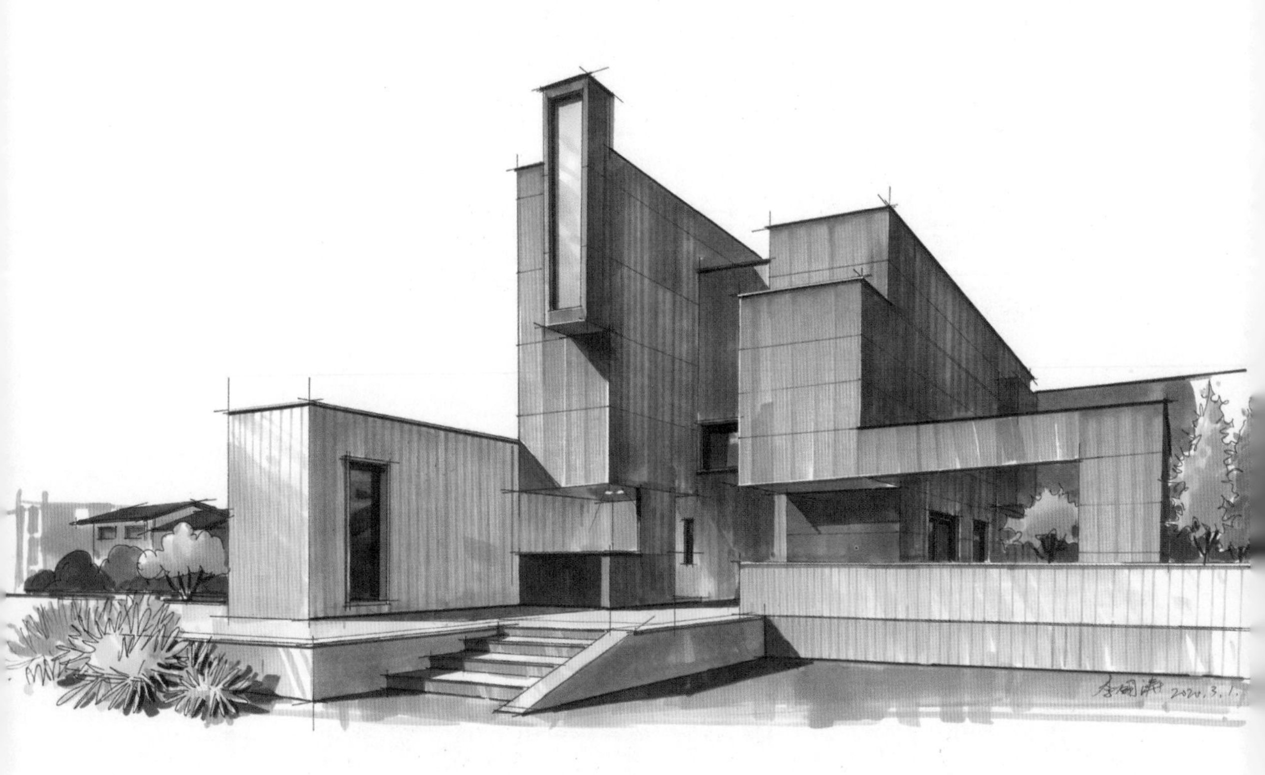

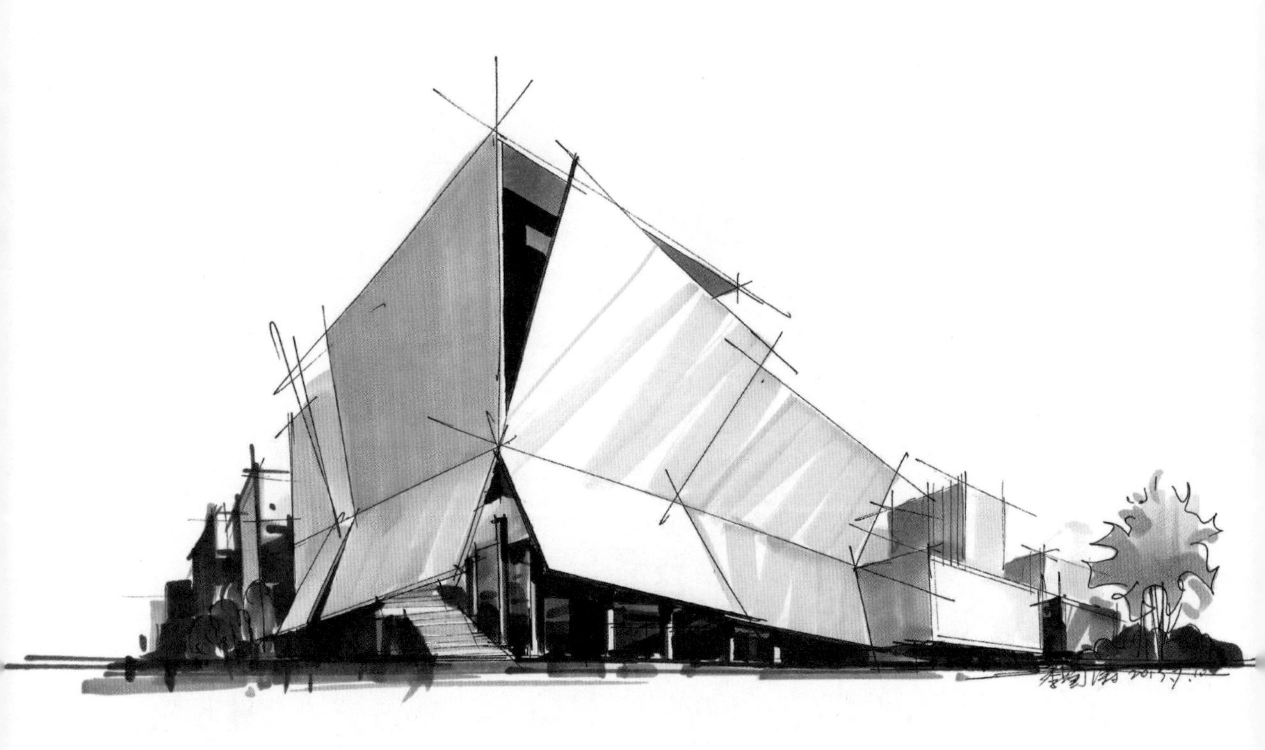

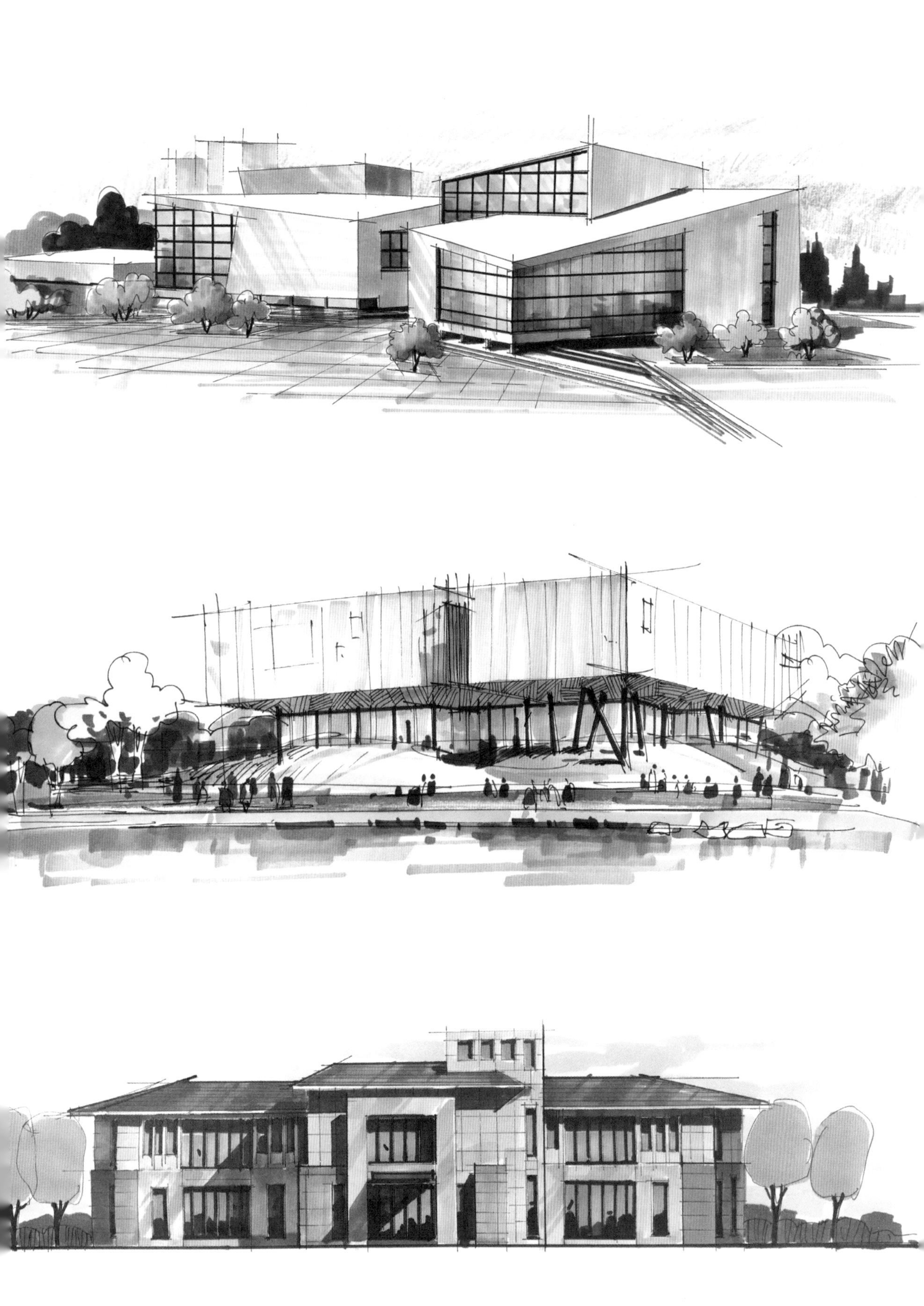

李国胜
绘于重庆 2019.

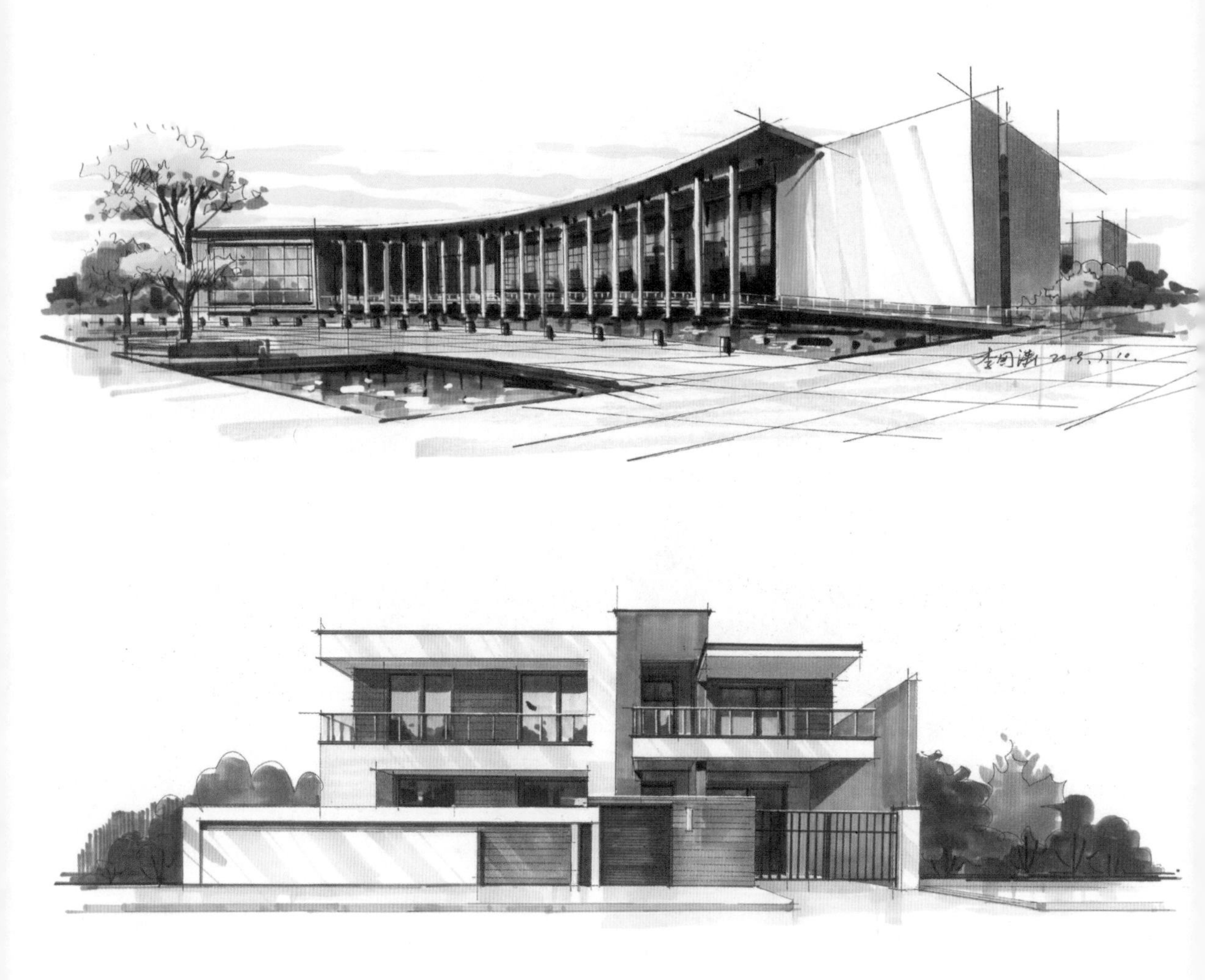

关于色卡

本书选用法卡勒牌马克笔的 109 支颜色，作为效果图绘制的色彩，颜色较鲜亮，绘画较便捷。色粉笔选用辉柏嘉 48 色短支专业色粉笔的 17 支颜色，绘制大面积的建筑体块，效果较好。

法卡勒马克笔

TG炭灰色

TG251 TG252 TG253 TG254 TG255 TG256 TG257 TG258

NG中灰色

NG275 NG276 NG277 NG278 NG279 NG280 NG281 NG282

WG暖灰色

WG463 WG464 WG465 WG466 WG467 WG468 WG469 WG470 WG471

CG冷灰色

CG268 CG269 CG270 CG271 CG272 CG273 CG274

BG蓝绿色

BG83 BG95 BG96 BG233 BG73 BG84 BG62 BG106 BG107

YG黄绿色

YG23 YG24 YG16 YG26 YG27 YG228 YG30 YG37 YG21 YG7

G绿色

G51 G56 G45 G57 G60 G61 G58 G52 G50

B蓝色

B235 B237 B238 B240 B241 B242 B112

E棕色

E124 E132 E172 E173 E246 E247 E248 E168 E169 E171 E180 E165 E166

Y黄色

Y1 Y2 Y3 Y5

V紫色

V119 V199 V125 V206

BV蓝紫色

BV109 BV194 BV113

BG蓝灰色

BG309 BG85 BG86 BG87 BG88 BG89

R红色

R140 R143 R144

黑色

191

白色

白色高光笔

YR黄红色

YR219 YR220 YR218

GG绿灰色

GG63 GG64 GG65 GG66 GG67

辉柏嘉48色色粉笔

浅蓝色 浅灰色 大红色 中黄色 浅绿色 深蓝色 中灰色 棕红色 浅黄色

土黄色 黄绿色 暖灰色 深棕色 蓝紫色 砖红色 深绿色 墨蓝色